Business Intelligence

BIツール
を使った
データ分析
のポイント

黒木賢一・下山輝昌[共著]

秀和システム

はじめに

　新聞などのマスメディアの報道で、AIやIoTといったデータ分析に関連するキーワードに触れない日は無いほど、データ分析は身近なものになり、企業経営においても重要な要素になっています。その中で、データサイエンティストへの注目はますます高まっていることが多くの記事や調査からも確認できます。

　例えば、一般社団法人データサイエンティスト協会が2022年3月31日に発表した「データサイエンティストの採用に関するアンケート」によると、2021年調査では「目標としていた人数のデータサイエンティストを確保できたか」という質問に対して「確保できた」と回答した企業はわずか4%にとどまり、「どちらかといえば確保できた」を含めても37%にとどまると報告されています。つまりほとんどの企業がデータサイエンティストの採用に苦労している状況です。この傾向は2020年調査と比較しても強まっていることが確認でき、データサイエンティストは引く手あまたの状況といえると思います。

　以上のような背景のもと、多くの企業がBIツール（Tableauなど）やPythonなどのデータ分析を学ぶ機会を社内で提供しデータサイエンティストの育成を進めています。しかし一方で、BIツールやPythonの分析研修に参加したものの、その後の業務には活かせずに終わってしまうなど、分析スキルがビジネス成果に結びつかず悩んでいる企業や人が多いのが実態だと感じています。なぜ、学んだ分析スキルがビジネス成果につながらないのでしょうか。

　上記のポイントに応えるべく本書では、まず序章でデータサイエンティストがどのようにビジネス成果に貢献していけるのか、そのために何が必要となるのかについて解説します。また、データサイエンティストとして成長するためには、実際に手を動かして分析を行った「分析経験」も重要になります。そのため、本書ではBIツールを使って積極的に手を動かしてデータの海を泳いでいただきます。具体的には1章でウォーミングアップとしてBIツールの基本操作を学んだうえで、2章以降はより実践的な知見を身に付けるべく、仮想の

分析プロジェクトの一員としてビジネス課題解決に向けて分析を進めていただきます。

　各章には今後の分析プロジェクトで活用いただけそうな分析の段取りやコツなどのエッセンスを詰め込んでいます。BIツールを実際に操作して分析を進めながら、分析スキルをビジネス成果につなげるポイントについて学習することで、最初は漠然としていたデータ分析の活用イメージが徐々にクリアになっていくと思います。「BIツールを少し触ったことがあるけど実務でどう活かしたらいいか分からない」「分析に興味があるけどビジネス活用のイメージがわかない」など、データ分析のビジネス活用に向けた悩みや関心がある方に特にフィットする内容なのではないかと思います。

　本書ではBIツールとして「Tableau Public」を利用して解説していきます。Tableauはドラッグ＆ドロップ操作を中心に手軽に分析を進めることができる、データ分析を始めるにはとてもいい分析ツールですが、通常版のTableauは無償トライアル期間が14日間であり、その後も継続利用する場合は年間10万円程度かかってしまうため、初めて触れるのに躊躇してしまう方もいると思います。Tableau Publicは一部機能制限がありますが、通常版のTableauとほぼ同等の機能が無料で使える学習用途としてはとても適したBIツールです。前述のように本書は分析スキルをビジネスで活かすという点に特に力を入れて解説していきますが、Tableauの操作についても基本操作からダッシュボード作成、LOD表現などの応用的な操作まで幅広く解説していますので、ぜひ本書を通じて学んでいただければと思います。もちろん有償のTableauライセンスを既にお持ちの方は基本的な操作は同じですのでそちらをご利用いただいても問題ありません。

　本書が皆様のデータサイエンティストとしての今後の成長や活躍を支える一助となることを願っています。

Contents 目　次

Business Intelligence Tools

Chapter
2

売上減少についてどこに手を
打つべきか分析を進めよう ············· 81

Appendix Ap LOD表現でTableau活用の 幅を広げよう！

Chapter

0

序　章

「データサイエンティスト」の世界へようこそ

Business Intelligence Tools

インターネットブームを皮切りにスマートフォンなどのデジタルデバイスの普及も後押ししてデジタルデータは日々増大しています。データ量の増加に比例するようにデータサイエンティストの注目度はあがってきており、2010年頃からは本格的にデータサイエンティストという仕事の重要性を論じられることが多くなったように思います。さらには、2018年に経産省からDXレポートが発表されたことで、日本企業にとっての生命線と言わんばかりにデータサイエンティストが求められています。それは私たち自身も各クライアントの皆様とのデータ分析やDXに関するプロジェクトを行いながら日々感じています。

これまで多くのプロジェクトを経験する中で変化として感じることは、データ分析案件をただ外部委託先に依頼するだけではなく、プロジェクトを通じて自社のデータサイエンティストを育成して欲しいというニーズが増えてきていることです。数年前からPythonやBIツールの普及によってデータ可視化など基礎的な技術スキルは日本全体として大きく向上しているのは間違いありません。それは多くの企業が躍起になって社員のデータ分析力の向上を目指した研修の企画や開催を進めている賜物であると思います。

企業自体のデータサイエンティスト人材への期待も後押しして、今やデータサイエンティストは人気の技術職種の1つと言っても過言ではありません。それどころか、今やデータ分析はビジネスパーソンの必須スキルとなりつつあります。パソコン1台あれば、文系/理系や職種問わず誰にでもデータサイエンティストの間口は開かれています。本書を手に取ってくれたみなさんもそんな世界に飛び込もうとしている方、もしくは飛び込んでみたけど成果を出すためにあがいている方なのではないでしょうか。悩みを少しでも解決できるように、まずはデータサイエンティストの役割について紐解いていきましょう。

　一般社団法人データサイエンティスト協会が2014年12月10日にニュースリリースしたデータサイエンティストの定義によると、「データサイエンス力、データエンジニアリング力をベースに、データから価値を創出し、ビジネス課題に答えを出すプロフェッショナル」と定義されています。

▼データサイエンティスト定義（データサイエンティスト協会）

> データサイエンティストとは、「データサイエンス力、データエンジニアリング力をベースに、データから価値を創出し、ビジネス課題に答えを出すプロフェッショナル」

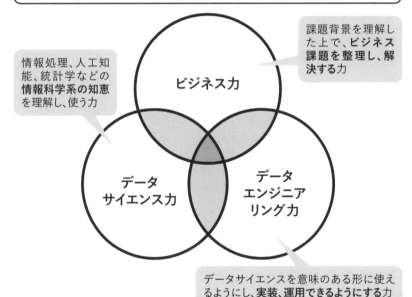

（一社）データサイエンティスト協会より筆者加工

3

　また、経済産業省と独立行政法人情報処理推進機構（IPA）の「デジタルスキル標準」によれば、「事業戦略に沿ったデータの活用戦略を考えるとともに、戦略の具体化や実現を主導し、顧客価値を拡大する業務変革やビジネス創出を実現する」という役割が定義されています。

🔻 データサイエンティスト定義（デジタルスキル標準）

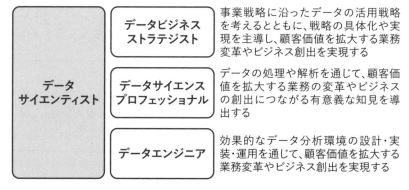

データサイエンティスト	データビジネスストラテジスト	事業戦略に沿ったデータの活用戦略を考えるとともに、戦略の具体化や実現を主導し、顧客価値を拡大する業務変革やビジネス創出を実現する
	データサイエンスプロフェッショナル	データの処理や解析を通じて、顧客価値を拡大する業務の変革やビジネスの創出につながる有意義な知見を導出する
	データエンジニア	効果的なデータ分析環境の設計・実装・運用を通じて、顧客価値を拡大する業務変革やビジネス創出を実現する

経済産業省と独立行政法人情報処理推進機構(IPA)「デジタルスキル標準」より

　これらの定義に共通して言えることは、様々なデータ分析のスキルを活用しながら、「データから価値を創出し、ビジネス課題に答えを出す」や「顧客価値を拡大する業務変革やビジネス創出を実現」といったビジネス成果を創出することを目的としているという点です。

　では、データサイエンティストはどのようにビジネス課題解決などの成果に貢献できるのでしょうか。

　貢献ポイントは大きく次の3つに分類することができます。

●▼データサイエンティストの貢献ポイント

課題の発見	課題の深掘り	課題の解決
①データから定量的に状況を把握し、課題を早期発見 現状とあるべき姿（目標値等）の乖離状況の定量的な把握や、兆候検知等により課題の早期発見が可能になる （分析例） ・ダッシュボード等によるモニタリング ・機械学習による兆候検知アラート etc.	②データという客観的な観点から 仮説を発見・検証し、意思決定を支援 データという客観的な観点も含め検討することで、主観・思い込みの排除や、検討の抜け漏れを防止し、意思決定の精度やスピードを向上する （分析例） ・可視化(ヒストグラム、散布図等) ・統計解析(検定、回帰分析)etc.	③データを活用した付加価値の高い対策を実現 ダッシュボードや将来予測などデータ分析の力がないと実現が難しい対策が可能になる （分析例） ・ダッシュボード提供 ・機械学習による将来予測やレコメンド etc.

▶①データから定量的に状況を把握し、課題を早期発見する

　現状と、あるべき姿（目標値等）の乖離をデータで可視化することで、経営状況の良し悪しなどの状況を定量的に確認し、課題を早期に発見することが可能になります。また、現状の可視化だけでなく、例えば機械学習で問題の兆候検知モデルを構築しアラート出力する仕組みを構築することで、問題発生前に兆候を検知して事前に対策を打つことも可能になります。

▶②データという客観的な観点から仮説を発見・検証し、意思決定を支援する

　課題の深掘りを進めるにあたり、「ここが原因なのでは」といった経験や勘による判断に加えて、データという客観的な観点も含めて判断することで、意思決定の精度やスピードを向上することができます。

　例えば、社員の労働時間が前年よりも増加傾向にあるという課題に対して「恐らくリモートワークの増加が原因では」という仮説のもと「リモートワークを制限する」という対策を考えたとしましょう。しかし、データで検証すると、労働時間の対前年増加率とリモートワーク率には相関がなく関係性がみられない場合は、実施しようとしている対策は的外れになる可能性が高くなります。このように、主観・思い込みによる誤った判断をデータという客観的な観点から防止することで意思決定の精度を高めることができます。

　またデータ分析により、より網羅的な観点で検討をすることも可能になります。例えば、労働時間が組織の中で特に長い社員をデータから抽出して属性を確認したところ、これまでノーマークだった中途入社社員が多く、入社後のケアが十分でなかったことが分かったとします。このようにこれまで見落とされていた事象について分析で発見しアクションを考えることができるようになります。

　もちろんビジネス成果を出すためには経験と勘は欠かせない要素ですが、それに、データ分析という武器を追加することで、その経験と勘をより効果的にビジネス成果につなげることが可能になります。

▶③データを活用した付加価値の高い対策を実現する

　ビジネス課題を解決するための対策としては様々な方法が考えられますが、そのうちの1つとしてデータ分析を活用した対策があります。データ分析を活用した対策とは、例えばダッシュボードを構築して必要な情報を一元的かつタイムリーにモニタリングできるようにしたり、問題の兆候検知などの予測モデルを構築してアウトプットされた予測情報をもとにプロアクティブな運用を実現したりする対策です。これらの対策はデータ分析の力がなければ実現が難しい対策であり、プロジェクト外の第三者から見てもデータ分析の価値が分かりやすいという特徴があります。もちろん、品質の高いダッシュボードや予測モデルを提供できることが大前提にはなりますが、データ分析の価値を感じてもらいやすいという点でお勧めの適用箇所です。

▶ ビジネス成果への壁

いかがでしょうか。データサイエンティストの活躍と、それによるビジネスの成果のイメージが少し湧いてきましたでしょうか。データ分析は様々な意思決定を助けてくれたり、ビジネスの仕組みを変えるのに大きく役立ちます。今まで「あの人にしかできない」という判断をデータで再現できれば、あの人の判断を誰でもできるようになります。それは、もしかしたらトップ営業の知見を全社員が持つことができるようになるということです。またその知見に基づいた判断を自動化することで、先んじた顧客フォローアップができるようになるでしょう。それだけでも大きな可能性を感じてしまいませんか。ここで説明したことはあくまでも1例ですが、まさにそのような大きな可能性を生み出すのがデータサイエンティストの役割であり醍醐味でもあるでしょう。

しかし一方で、多くの企業がPythonやTableauなどデータ分析を学ぶ研修開催を進めているものの、分析スキルとビジネス成果の間には壁があり、なかなか学んだ分析スキルが目的である課題解決などのビジネス成果に結びつかず悩んでいるというのが実態です。なぜ、分析スキルがビジネス成果につながらないのでしょうか。

▼ ビジネス成果への壁

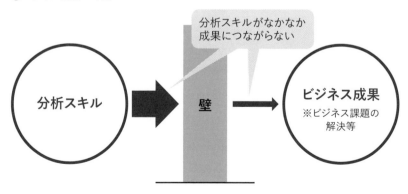

データ分析をビジネス成果に繋げるために

Business Intelligence Tools

　データサイエンティストは、データの力を最大限引き出して課題解決という目的を達成する人材です。これには、統計解析やBIツール、機械学習などのデータ分析の「技術面」のスキルと同時に、データから価値を創出しビジネス課題に答えを出していくデータ分析の「思考面」のスキルが重要となります。料理に例えて考えてみると、包丁の使い方や圧力鍋の使い方などの調理（技術）スキルを磨くだけではレストランのシェフとしてお客さまが満足する料理が提供できないように、データ分析も技術面のスキルだけを身につけるのではなく、技術面のスキルの活かし方を身につけることで効果的にビジネス成果につなげることができるのです。

　お客さまに料理を提供する場合を考えてみると、①どのような料理が食べたいか確認して、②必要な食材や調理法を整理して、③食材を集め下ごしらえして、④調理をして、⑤盛り付けて提供する、という一連のサイクルを通して進めるとともに各フェーズにおいて料理を美味しくするコツがあり、それを踏まえることではじめてお客さまが満足する料理を提供できます。

　データ分析においても、①分析目的や課題を整理して、②分析のデザインを考え、③データを収集・加工し、④データ分析を行い、⑤分析結果を整理・活用する、という一連のプロセスを通して進めるとともに各フェーズで留意すべきコツとなるポイントがあり、それを踏まえることでビジネス成果につなげることができます。

　データ分析技術はあくまで課題解決の道具であり、その道具を活かす分析の段取りやコツといったデータ分析の思考面のスキルも身に付けることで効果的にデータ分析をビジネス成果につなげることができるのです。

● ビジネス成果に繋げるためのスキル

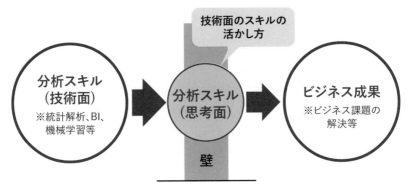

技術面のスキルを身に付ける研修は多く存在しますが、決められたものを仕様通りに作るようなエンジニアリングとは大きく異なるため、研修で技術面のスキルだけを学んでも、職場に戻った後、その技術がほとんど活用されないなど、ビジネスの成果に結びつかずに悩んでいる企業が非常に多いのが実態です。データから価値を創出してビジネス課題に答えを出して欲しいという期待があるのに、技術側のスキルだけを学んでいてもなかなかビジネス成果には結びつかないのは想像にたやすくありません。

一方で、データ分析の思考面のスキルは教科書を読んだらすぐに使いこなせるかというとそうではありません。料理もレシピ本をたくさん読むだけでシェフになれるわけではなく、実際に手を動かして料理を作った経験値が大事になるように、データ分析も同様に分析をこなした経験を重ねることで思考面のスキルが体に染みついていきます。

しかし、やみくもに場数を積むのは効率的ではありません。データ分析の段取りや基本的な考え方を押さえながら、実際にBIツールなどを使って手を動かすことで思考と技術を繋げるのが重要です。技術だけあっても引き出しにしまっていては宝の持ち腐れになってしまいますし、せっかく思考があっても技術がなかったら実践することができません。分析スキルは、技術＋思考の総和で決まります。技術だけでも、思考だけでもダメなのです。技術的な部分が身に付けば出来ることが増えるので思考を活用できる場面が広がり

ますし、思考の部分が身に付けば技術をいつでも引き出してビジネスの成果に繋げていくことができます。技術と思考の両面を意識しながらスキルアップしていくのが効果的なのです。

　そこで本書ではデータ分析によってビジネスの成果に繋げるための基本的な考え方を軸に据えつつ、その大枠の考え方を意識しながら実際にBIツールを使って手を動かすことで技術も同時に習得していきます。それは、分析プロジェクトの中で、どんなことを考えて、どんな作業をするのかを体験していただくことです。データ分析の思考面のスキルを鍛えるとともに、本書の考え方をベースとしながら自分なりのデータ分析のスタイルを築いていっていただければと思います。

　なお、本書では分析スキルの「思考面」を鍛えるという点に特に重点を置いて解説するため、技術面については必要なものに絞って解説をしていきます。データ前処理など他の技術も学びたい方は、100本ノックシリーズ（Python実践データ加工／可視化、Python実践データ分析など）を必要に応じて合わせてご参照いただければと思います。

ビジネス課題を解決するためのプロセスとデータ分析プロセス

Business Intelligence Tools

　本書では思考と技術を同時に身に付けていただくのはもちろんですが、読み終わったあとに、自分自身の業務に応用できるように、闇雲に場数を踏むのではなく基本的なプロセスを意識しながら進めていきます。先ほども述べましたが、データサイエンティストに求められるのは、データから価値を創出し、ビジネス課題解決に貢献することです。

　そこでまずはビジネス課題解決を進める際の一般的なプロセスを確認したうえで、データ分析プロセスがどう関係してくるのかを説明していきます。そして、それは本書のコンセプトでもあり2章以降の構成にもなっているので押さえていきましょう。

▶ 課題解決プロセス

　一般的にはビジネスの課題解決は通常、以下のようなプロセスで進めていきます。

▼課題解決プロセス

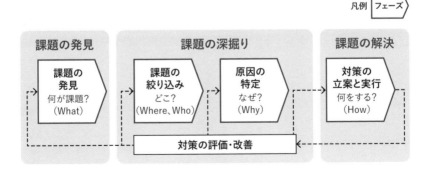

◆ 課題の発見

　解決が必要な課題を見つけるフェーズです。企業だと中期経営計画で設定された課題や直近の経営環境の変化（対前年で売上が大きく減少している、等）に伴う課題などが挙げられるでしょう。この段階では課題の粒度が解決に取り組むためには粗すぎるため、課題を分解して解くべき課題を明確にしていく必要があります。

◆ 課題の深掘り

　粗い課題についてフレームワーク（ロジックツリーやマトリクス（PPM等）、ファネル（AIDMA等））等を活用しながら解くべき課題を整理して絞り込んでいくフェーズです。

　解くべき課題が明確になったら、次に「なぜその課題が発生しているか」について仮説を立てながら検証を進め、原因の特定を進めます。

◆ 課題の解決

　課題が発生している原因に対して対策案を検討・整理するとともに、各対策について想定される効果やコスト、実現性等で評価を行い、対策の実施可否や優先度を整理し、実行していきます。

◆ 対策の評価・改善

　対策の効果について評価を行うとともに、効果が十分でない場合は改善に向けた取り組みを進めます。

▶分析プロセス

　ビジネスの課題解決のプロセスは、データ分析がなくとも経験と勘をベースにしながら進めることは可能です。しかし、競争力の高い企業は、データ分析が一連のプロセスに組み込まれることによってビジネスの成果を上げているように、データ分析を活用することでより効果的に課題解決のプロセスを進めることが可能になります。つまり、この課題解決のプロセスの中で効果的にデータ分析を組み込むことが重要なのです。

　では、そのデータ分析はどのようなプロセスで進めるのでしょうか。

　データ分析は通常、以下のようなプロセスで進めていきます。

▼分析プロセス

凡例 フェーズ

分析目的や課題の整理	分析デザイン	データ収集・加工	データ分析	分析結果の活用
(どのような料理が食べたいか確認)	(どのような食材や調理法で作るか)	(食材を集め下ごしらえ)	(準備した食材で調理)	(盛り付けて提供)

()内は料理に例えた場合のイメージ

◆分析目的や課題の整理

　分析を通じて何を達成したいかの目的を明確にするとともに、目的を達成するために解決が必要な課題を整理します。料理でいうとお客さまのニーズ（どのような料理を食べたいかなど）を確認するフェーズになります。こちらが明確でないとお客さまが望んでいない料理を出してしまうように、分析においても成果につながらない残念な分析になってしまいます。分析目的や課題を整理する方法は色々とありますが、現状とあるべき姿を整理したうえでそのギャップから確認する方法があります。

◆ 分析デザイン

　分析目的を達成するために、どのような分析を行うのかを整理していきます。料理でいうと①どのような料理を②どのような材料や③調理方法・調理器具を使って④どのような段取りで料理し、⑤どのような形で提供していくか、というようなことを考えるフェーズです。

　分析においても、①どのような分析を②どのようなデータや③分析手法・分析ツールを使って、④どのような条件・スケジュール・コストで分析し、⑤どのような成果物で提供するか、という点を考えて整理していきます。

◆ データの収集・加工

　分析デザインで整理した分析で必要となるデータを収集し、分析で使える形式に加工していきます。料理で例えると必要な食材や調味料を調達したり、調理前の下ごしらえ（食材に調味料を漬け込んだり）するフェーズです。重要なデータになるほど取得に時間がかかることがあるため、一定の時間がかかることを見越してスケジュールを立てる必要があります。データ取得に時間がかかる場合は、優先度をつけて段階的に分析を開始することも検討する必要があります。データと合わせてデータ項目の定義やデータ間の関連性を理解する上でデータ定義書やER図があればそれを入手するとデータの理解にとても役に立ちます。ただ、正確な分析を進めるためには、やはりそのデータオーナーなどの有識者にデータの読み解き方を確認する必要がある場合が多いでしょう。

　また入手したデータはそのまま分析で利用できないケースも多く存在します。欠損値や異常値がない綺麗なデータであることは稀であり、縦横変換やデータの結合などの前処理を行う必要がある場合もあるでしょう。データ分析の全体の工程において、データ前処理は8割を占めるということを言う人もいるほど深いテーマのため、本書では深く触れず、専門書に任せます。

◆ データ分析

　収集したデータを利用してデータの可視化や機械学習モデル構築などの分析を行うフェーズです。料理で例えると、用意した食材を使って調理を進めるフェーズです。本書ではBIツールTableauを利用して、様々な軸でデータを可視化しながら課題の絞り込みや原因の特定を進めたり、ダッシュボードを作成したりしていきます。

◆ 分析結果の活用

　分析を行った結果を整理して、活用していくフェーズです。料理で例えると、作った料理を盛り付けてお客さまに提供するフェーズです。せっかく作った料理も盛り付けが汚いと台無しであるように、データ分析もお客さまに伝わりやすい内容でグラフやドキュメントとして成果物で整理をして提供していくことが大事になります。

　それでは、課題解決プロセスと分析プロセスはどのような関係になっているのでしょうか。それは、ビジネス課題解決プロセスの各フェーズにおいて、分析プロセスを回すイメージになります。

● 課題解決プロセスと分析プロセス

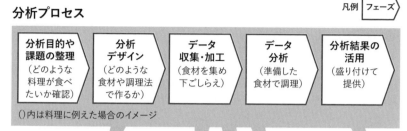

課題解決プロセス

　例えば、本書の2章であれば「課題の絞り込み」という課題解決フェーズにおいて分析プロセスを回していきますし、3章では「原因の特定」という課題解決フェーズにおいて分析プロセスを回していきます。ただし、必ずすべての課題解決プロセスのフェーズでデータ分析を利用する必要があるかというとそうではなく、費用対効果などを踏まえた判断になります。データ分析を行うことで様々なインサイト（隠れた発見など）を得ることができますが、一方でデータサイエンティストの工数やクラウドを利用する場合はクラウド利用料などのコストも発生します。また、分析期間も必要になります。そのため、案件の特性や取り組み状況を踏まえてデータ分析を実施するかを判断していくのが重要です。

　例えば意思決定を誤ると大きな損失が出るような重要な課題はデータ分析という客観的な観点も含めた判断が望ましいですが、過去にアンケート等を実施して対応が必要な課題が明確であれば課題の絞り込みはデータ分析を

行わず、原因の特定からデータ分析を活用していくということもあるでしょう。また、例えば製品の故障の課題に対して主な原因特定まで進んでおり、その情報を踏まえて故障の予測モデルの構築が必要など対策の検討・実行フェーズから分析を依頼されるケースもあるでしょう。全体の課題解決プロセスを意識しながら、自身がどの課題解決フェーズを担当しているのかを意識することが、分析をビジネス成果につなげるための第一歩になります。

なお、課題解決フェーズの「課題の発見」については、実際の分析ケースとしては与えられるケースが多い（例えば経営企画部門から「売上が下がっているため分析で確認してほしい」と依頼を受けるなど）ため、本書でも「課題の絞り込み」以降のフェーズを中心にBIツールを用いて分析を進めていきます。

ここまで、ビジネス課題を解決するためのプロセス、そしてその中で組み込まれる分析プロセス、そしてそれによる分析の貢献ポイントを説明してきました。章の違いは課題解決フェーズの違いであり、本書においてはどのフェーズでも分析プロセスに沿って進んでいきます。

もちろん、実際の分析では分析プロセスが一直線で進むことばかりではなく、例えば分析をしてうまく成果が出ない場合は分析デザインやデータ収集・加工をやり直して再度分析するなど、試行錯誤も発生することになります。試行錯誤していくと迷いやすくもなるので、本書で学習した内容を活かしながら今自分がどの分析プロセスにいて、何をやっているのかを意識しながら進めるとより良い分析ができるようになるでしょう。

また、本書では分析プロセスを意識しながら分析する習慣を身に付けられるよう課題解決フェーズごとに一連の分析プロセスを回すアプローチで解説していきますが、必ずしも課題解決フェーズごとに分析プロセスを分割しなければいけないというルールはありません。5章でも解説しますが慣れてきたら課題の絞り込みと原因の特定を一つの分析プロセスとして分析するなど、応用的に取り組んでいくと良いでしょう。

復習も兼ねて、冒頭に述べた貢献ポイントも合わせて図示すると次図になります。自分はどの課題解決フェーズにおいて、どの分析フェーズを進めているのかを意識しながら、本書を進めていきましょう。

▼序章のまとめ

分析プロセス

凡例 | フェーズ

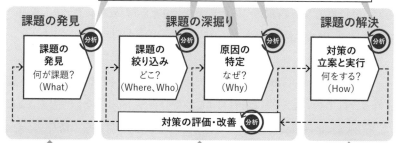

分析目的や課題の整理 (どのような料理が食べたいか確認) → 分析デザイン (どのような食材や調理法で作るか) → データ収集・加工 (食材を集め下ごしらえ) → データ分析 (準備した食材で調理) → 分析結果の活用 (盛り付けて提供)

()内は料理に例えた場合のイメージ

補強が必要な課題解決フェーズを、データ分析で支援

課題の発見 / 課題の深掘り / 課題の解決

課題の発見 何が課題? (What) [分析]

課題の絞り込み どこ? (Where、Who) [分析]

原因の特定 なぜ? (Why) [分析]

対策の立案と実行 何をする? (How) [分析]

対策の評価・改善 [分析]

課題解決プロセス

①データから定量的に状況を把握し、課題を早期発見

現状とあるべき姿(目標値等)の乖離状況の定量的な把握や、兆候検知等により課題の早期発見が可能になる

(分析例)
・ダッシュボード等によるモニタリング
・機械学習による兆候検知アラート etc.

②データという客観的な観点から　仮説を発見・検証し、意思決定を支援

データという客観的な観点も含め検討することで、主観・思い込みの排除や、検討の抜け漏れを防止し、意思決定の精度やスピードを向上する

(分析例)
・可視化(ヒストグラム、散布図等)
・統計解析(検定、回帰分析)etc.

③データを活用した付加価値の高い対策を実現

ダッシュボードや将来予測などデータ分析の力がないと実現が難しい対策が可能になる

(分析例)
・ダッシュボード提供
・機械学習による将来予測やレコメンド etc.

データサイエンティストの貢献ポイント

　では、さっそく分析を進めていきたいと思いますが、「分析の目的を設定してください」といきなり言われても、どのように設定して良いのか戸惑う人も多いと思います。最初からビジネス課題の解決につながるような目的や仮説を設定できたら誰も苦労はしません。「仮説思考を持ちましょう」は非常に正しい言葉ですが、一足飛びにはなかなか身に付かないものなのです。

　思考から入るより前に、手を動かしてグラフを作成し、そのグラフから分かることや言えることを考えるというのが「思考」と「技術」を結び付ける最初の1歩と考えています。この感覚を持つことで、目的や仮説を立て方のイメージも湧いてくるでしょう。

　そのため、「思考」と「技術」を結び付けるための基礎体力をつけるための1章を用意しました。先ほど説明した課題解決プロセスや分析プロセスは、一度頭から避難しておいて、難しく考えずに今、目の前にあるデータに向き合っていきましょう。

　本書では、BIツールとして Tableau Public を使います。本来、Tableau を利用するのに年間10万円程度かかります。Tableau はデータサイエンティストとして活躍していくのであれば、10万円なんて安いと感じるほど強力かつ必須のツールと言っても過言ではありません。ただし、初めて触れるのに10万円は躊躇してしまいます。そのため、Tableau の価値を体験するためにも一部機能制限がありますが、無料で使える Tableau Public を選択しました。Tableau Public で BIツールの価値を体験したら、Tableau の購入を検討しても良いでしょう。なお、有償版の Tableau とは異なり、Tableau Public は作成したビューやダッシュボードがインターネット上に公開されてしまう（非公開にしても URL が分かればアクセスできてしまう）ため業務での利用には適さない点は十分に留意してください。また、Tableau 以外にも BIツールは存在するので、本書で BIツールの基本的な考え方を学んだあとはいろんな BIツールに挑戦するのも良いでしょう。

　それでは、データサイエンティストの世界の体験へと進んでいきましょう！

基礎体力づくり！
データと
向き合ってみよう

　序章では、データサイエンティストがどのようにビジネス成果に貢献していけるのか、またそのためにはデータ分析の技術だけでなく段取りやコツといった「思考」も必要になるという点をお伝えしました。また、「思考」は教科書を読むだけでなく場数を踏むことで初めて身に付けることができるという点もお伝えしました。「思考」と「技術」は両輪で学ぶことが重要で、切っても切り離せない関係にあることを少し理解していただけたのではないでしょうか。しかし、各プロセスにおける取り組みポイントを理解して適切に目的を設定したりできる「思考」面のスキルも非常に大事ですが、それ以前に目の前のデータから何を引き出すことができるのかという「技術」面の基本的な体力がないとデータという海を泳いでいくことはできません。

　そこで課題解決プロセス/データ分析プロセスを本格的に体験する前に、この章ではウォーミングアップとしてTableauのサンプルデータを利用して目の前のデータと向き合っていきます。データと向き合うというのは、様々なデータを可視化し分かることを考え、またグラフを作って分かることを広げていく作業です。Tableau Publicのインストール方法から始まり、技術側のスキルとして「いろんなグラフの作り方」を学んでいきます。あまり難しいことを考えずに、探索的にいろんな発見を楽しんでいきましょう。ビジネス課題を解決できるようになるためには分析目的を適切に定めるのは非常に重要ですが、ここでは何のために分析するかなどは一切忘れてデータの海に飛び込みましょう。そこには楽しい発見が待っているかもしれません。なお、本書はフルカラーではないためTableauのグラフの色の違いが分かりにくい場合があるかと思います。もし詳しく確認したい場合は他の章も含め、秀和システムのサポートページに各章で作成するワークブックを格納しておりますので適宜そちらからダウンロードしてご確認ください。

◉ あなたの置かれている状況

　あなたは、新米データサイエンティストとしての1歩を踏み出すところです。右も左も分からない状況ですが、データ分析に慣れるためにまずは手元にあるデータを使ってたくさんのグラフを作ることにしました。まずは練習だと思って、目の前のデータと向き合いながら思考を広げていきましょう。

Tableau Publicを
使えるようにしよう

Business Intelligence Tools

それでは、データと向き合うための準備を行っていきます。

1章ではTableau Desktopに付属しているサンプルデータ「**サンプル -
スーパーストア.xls**」を利用するため、まずはTableau Desktopをインストー
ルした上で、次にTableau Publicのインストールを進めていきます。
Tableau Desktopを既にインストールされている方は「1.Tableau Desktop
のインストール」は飛ばしていただいて構いません。なお、本書の画像等は
2023年4月時点のため、トップページのデザインや画面遷移など変わる可能
性がある点はご了承ください。

▶1.Tableau Desktopのインストール

それでは、まずTableau Desktopのインストーラーを入手します。
下記のTableau Desktopのサイトにアクセスをして「無償トライアルを始め
る」を押下します。

https://www.tableau.com/ja-jp/products/desktop

●Tableau Desktopのサイト

　メールアドレス等を入力する画面が表示されますので、必要事項を記入して「無料トライアル版をダウンロード」をクリックするとダウンロードが開始されます。

●無償トライアル開始

ダウンロードが完了しましたら、ダウンロードしたファイルをダブルクリック
して Tableau Desktop をインストールします。こちらでサンプルデータ「**サン
プル - スーパーストア.xls**」も利用できるようになりました。もしインストール
先を「Cドライブ」として、「Tableau Desktop 2023.1」をインストールした場
合は、サンプルデータは下記のフォルダに格納されています。ご自身のインス
トール先やバージョンを踏まえて適宜読み替えていただければと思います。

```
C:\Users\（ユーザー名）\Documents \マイ Tableau リポジトリ\データ ソース
\2023.1\ja_JP-Japan
```

▶2.Tableau Public のインストール

先ほどインストールした Tableau Desktop を利用して学習を進めていただ
いても問題ありませんが、Tableau Desktop はトライアル期間の14日間を過
ぎると利用できなくなってしまいます。そのため、本書では利用期限のない
Tableau Public を用いて説明を進めていきます。

それでは、今回使うBIツールである**Tableau Public**を利用できるように
準備していきます。

Tableau Public は有償版の Tableau Desktop と比較して利用できるデー
タソースなど一部機能制限がありますが、操作を学習するには十分な機能を
備えている無償のBIツールです。ただし、Tableau Public は作成したビュー
やダッシュボードがインターネット上に公開されてしまう（非公開にしても
URLが分かればアクセスできてしまう）ため業務での利用には適さない点を
十分に留意してください。

もし、既に有償のライセンスをお持ちでTableau Desktop を使われている
方は、Tableau Public をダウンロードせずに既にお使いのTableau
Desktop を使っていただいても基本的な操作は同じなので大丈夫です。

また、本書ではTableau Public のバージョン2023.1を利用して説明します
が、他のバージョンでも本書で取り扱う基本的な操作は大きく変わりません。

M·e·m·o 過去バージョンの入手方法

バージョン差異が気になる方は、過去のバージョンのTableau Desktopを
掲載したサイトからバージョン2023.1のTableau Desktopのインストーラー
をダウンロードおよびインストールいただき、そちらをご利用ください（執筆
時情報）。

・過去バージョンの掲載サイト
https://www.tableau.com/ja-jp/support/releases

　ではさっそく、Tableau Publicの利用準備を進めていきます。手順に従っ
て進めていきましょう。

　まずは以下のURLにアクセスしてください。

https://public.tableau.com/app/discover

▼Tableau Public のトップページ（2023年4月時点）

　アクセスするとトップページが開きます。場合によっては英語表示の場合も
あるので注意してください。続いて「Tableau Publicに登録する」をクリック
します。英語の場合は、「Sign Up for Tableau Public」になります。クリッ
クするとアカウント登録の画面が出てくるので必要事項を入力してアカウント

を作成してください。

▼Tableauアカウントの作成

アカウントを作成すると登録したメールアドレスにアカウントをアクティブ化（利用可能登録）するためのメールが届きます。メール内のリンクをクリックすることで登録が完了します。登録が完了しましたら、再度、次のURLにアクセスしてトップページを表示します。

https://public.tableau.com/app/discover

続いてサインインをクリックします。英語の場合は、「Sign In」になります。クリックするとサインイン画面に遷移しますので、先ほど登録したアカウント情報を入力してサインインします。その後、同意画面が出ることがありますが内容を確認の上、サインインを完了してください。

▼Tableau Publicの登録画面

　これでTableau Publicを利用できるようになりましたが、現状だとWebにアクセスして使用する形式（オンライン形式）となっています。Webアクセスがなくても使用できるように、Tableau Desktop Public Editionもダウンロードしておきましょう。

　左上の「作成」のところから「Tableau Desktop Public Editionのダウンロード」をクリックしてください。ページが遷移し画面中央に「Tableau Publicをダウンロードする」が出てくるのでクリックします。もし黒いフォームへの記入画面が表示された場合は、必要事項を記入してアプリケーションのダウンロードをクリックするとダウンロードが開始されます。もしダウンロードが始まらない場合は、画面を再読み込みした上でもう一度ダウンロードボタンを押したり、ChromeブラウザでTableau Publicにアクセスしてダウンロードできないかを試してみてください。

●Tableau Desktop Public Editonのダウンロード

　ダウンロードフォルダに入っているTableauPublicDesktopのexeファイル
をダブルクリックしてインストールを行います。「Tableauへようこそ」が表示さ
れるので、「同意します」にチェックを付けてインストールを実行します。PC
のセットアップ状況によっては、インストールの許可画面が出ますので、画面
が出た場合は許可をクリックしてインストールを行ってください。インストール
が完了するとTableau Publicが表示されます。また、PCのデスクトップ画面
にもTableau Publicのショートカットが作成されます。

●Tableau Desktop Public Editionのインストール

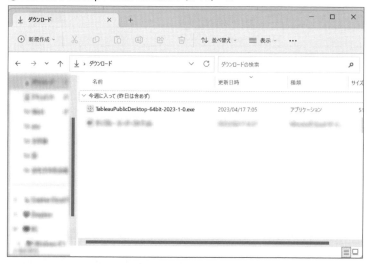

Tableau Publicに
データを読み込んでみよう

　では、続いてデータをTableau Publicに読み込ませます。このデータを読み込む作業はBIツールであればほぼ必須の作業なので覚えておきましょう。

　本章ではTableau が提供しているサンプルデータ「サンプル - スーパーストア.xls」を利用していきます。「サンプル - スーパーストア.xls」は、先ほどTableau Desktopをインストールした際にローカルフォルダに配置されています。もしインストール先を「Cドライブ」として、「Tableau Desktop 2023.1」をインストールした場合は、サンプルデータは下記のフォルダに格納されています。ご自身のインストール先やバージョンを踏まえて適宜読み替えていただければと思います。

```
C:\Users\（ユーザー名）\Documents \マイ Tableau リポジトリ\データ ソース
\2023.1\ja_JP-Japan
```

　なお、Tableau Publicではいろんな学習用途として、いくつかのサンプルデータが公開されています。下記URLからダウンロードできますので、気になったデータはダウンロードして可視化して見るのも良いでしょう。

https://public.tableau.com/app/resources/sample-data

▼Tableau PublicによるサンプルデータのHP

　ではTableau Publicにデータを読み込ませていきます。まずはTableau
Publicのアイコンをダブルクリックして起動してください。先ほどインストール
を実施し既に起動されている人は新たに起動しなくても大丈夫です。今回の
データはエクセル形式なので、左の中からMicrosoft Excelを選択します。
選択するとファイルの指定画面が出てくるので、先ほど確認したサンプルデー
タが格納されているフォルダから「サンプル - スーパーストア.xls」を選択しま
しょう。

▼データの読み込み

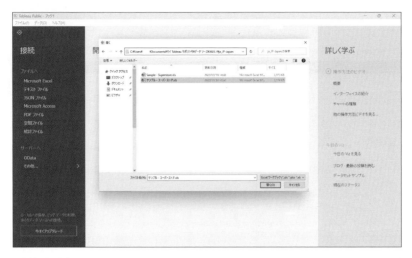

　読み込みが完了すると、左側に今回読み込んだ「サンプル-スーパースト
ア」という記載とともに、シートが3つ表示されます。これは、エクセルのシー
トに対応しており、今回のデータは「注文」「返品」「関係者」のシートから
構成されていることがわかります。

　なお、「サンプル - スーパーストア.xls」をTableau Publicの画面にドラッ
グ&ドロップすることでもデータを読み込むことは可能ですので覚えておきま
しょう。

では続いて使用するエクセルのシートを指定していきます。左のサイドバーから「注文」を右の「テーブルをここまでドラッグ」まで、ドラッグ＆ドロップします。

🔻エクセルシートの指定

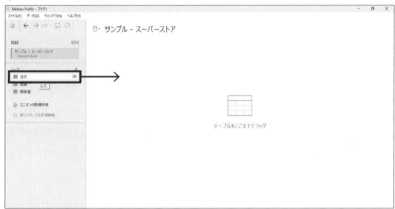

画面にデータが表示されてTableauで可視化できる準備が整いました。

ここで、念のため、エクセルデータを開いてみましょう。エクセルを開くと「関係者」「注文」「返品」の3つのシートが存在します。エクセルデータをTableauに読み込んだ場合、Tableauの左部分にシートと表示されますが、それがエクセルデータのシートと対応しています。先ほど操作したように、使

いたいシートを右側の領域にドラッグ＆ドロップすることで可視化の準備が整います。

　データの中身の詳細に関しては分析しながら紐解いていきますが、簡単に説明をすると今回使用するデータは、データ名からも想像できるようにスーパーストアの注文データです。どの顧客がどんな製品を注文したのかがデータとして蓄積されています。「注文」シートを開いて一番下までスクロールすると、データ件数は10,000件あることが分かります。なお、「サンプル - スーパーストア.xls」は、インストールしたTableau Desktopのバージョンにより、オーダー日などの日付項目の年が変わります。例えばバージョン2023.1であれば、オーダー日は2020年〜2023年の4年間ですが、バージョン2022.1であれば、2019年〜2022年の4年間です。ただし、この後の分析で重要になる利益などの項目の値は変わりませんので、どのバージョンのデータを利用いただいても大きな問題はありません。異なるバージョンのサンプルデータを利用する場合は日付項目などは適宜読み替えて進めていただければと思います。

🔻 エクセルの「注文」シート

行ID	オーダーID	オーダー日	出荷日	出荷モー	顧客ID	顧客名	顧客区分	市区町村	都道府県	国/地域
1	JP-2022-1000099	2022/11/8	2022/11/8	即日配送	谷大-1460	谷奥 大地	消費者	千歳市	北海道	日本
2	JP-2023-1001016	2023/10/7	2023/10/10	ファース	飯真-1498	飯沼 真	消費者	豊田市	愛知県	日本
3	JP-2021-1001113	2021/8/18	2021/8/21	ファース	笹大-1601	笹淵 大輔	消費者	浜松市中区	静岡県	日本
4	JP-2021-1001177	2021/11/25	2021/11/27	ファース	柿海-1879	柿下 海斗	小規模事	千歳市	北海道	日本
5	JP-2021-1001177	2021/11/25	2021/11/27	ファース	柿海-1879	柿下 海斗	小規模事	千歳市	北海道	日本
6	JP-2021-1001799	2021/12/26	2021/12/29	セカンド	吉桜-1669	吉家 桜	大企業	堺市堺区	大阪府	日本
7	JP-2021-1002711	2021/6/20	2021/6/24	セカンド	五美-1952	五月女 美	大企業	佐伯市	大分県	日本
8	JP-2023-1003088	2023/5/30	2023/6/2	通常配送	中茂-2150	中津 茂	消費者	横須賀市	神奈川県	日本
9	JP-2022-1003752	2022/10/30	2022/11/4	セカンド	東麗-1790	東條 麗華	大企業	久留米市	福岡県	日本
10	JP-2022-1003752	2022/10/30	2022/11/4	セカンド	東麗-1790	東條 麗華	大企業	久留米市	福岡県	日本
11	JP-2022-1003752	2022/10/30	2022/11/4	セカンド	東麗-1790	東條 麗華	大企業	久留米市	福岡県	日本
12	JP-2022-1003752	2022/10/30	2022/11/4	セカンド	東麗-1790	東條 麗華	大企業	久留米市	福岡県	日本
13	JP-2023-1006716	2023/5/26	2023/6/2	通常配送	塩慶-1426	塩籠 慶子	小規模事	坂戸市	埼玉県	日本
14	JP-2023-1006716	2023/5/26	2023/6/2	通常配送	塩慶-1426	塩籠 慶子	小規模事	坂戸市	埼玉県	日本
15	JP-2023-1006716	2023/5/26	2023/6/2	通常配送	塩慶-1426	塩籠 慶子	小規模事	坂戸市	埼玉県	日本
16	JP-2023-1006716	2023/5/26	2023/6/2	通常配送	塩慶-1426	塩籠 慶子	小規模事	坂戸市	埼玉県	日本
17	JP-2023-1006716	2023/5/26	2023/6/2	通常配送	塩慶-1426	塩籠 慶子	小規模事	坂戸市	埼玉県	日本
18	JP-2023-1008702	2023/9/30	2023/10/4	通常配送	皆学-1046	皆川 学	消費者	旭川市	北海道	日本
19	JP-2021-1009485	2021/6/6	2021/6/8	ファース	日拓-1150	日野 拓也	消費者	豊田市	愛知県	日本
20	JP-2021-1009485	2021/6/6	2021/6/8	ファース	日拓-1150	日野 拓也	消費者	豊田市	愛知県	日本

　これでデータの読み込みは終了です。

簡単に可視化してファイルを
パブリッシュしてみよう

Business Intelligence Tools

続いて、読み込んだデータを可視化していきます。まずはシートに移動しましょう。左下にオレンジ色でシート1というのがあると思いますのでクリックしてみましょう。そうするとシート1が開いて、左にテーブルという画面表示とともに先ほど読み込んだデータの列名が表示されています。

🔻シートへの移動

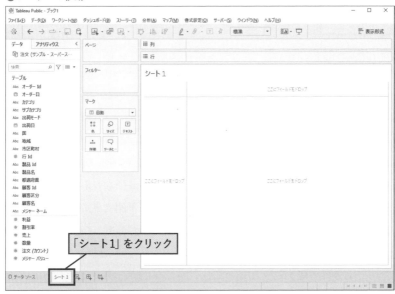

こちらの画面でグラフを作成していくことになりますが、よく使う機能を中心に基本的な画面構成を説明します。

Tableauの画面構成

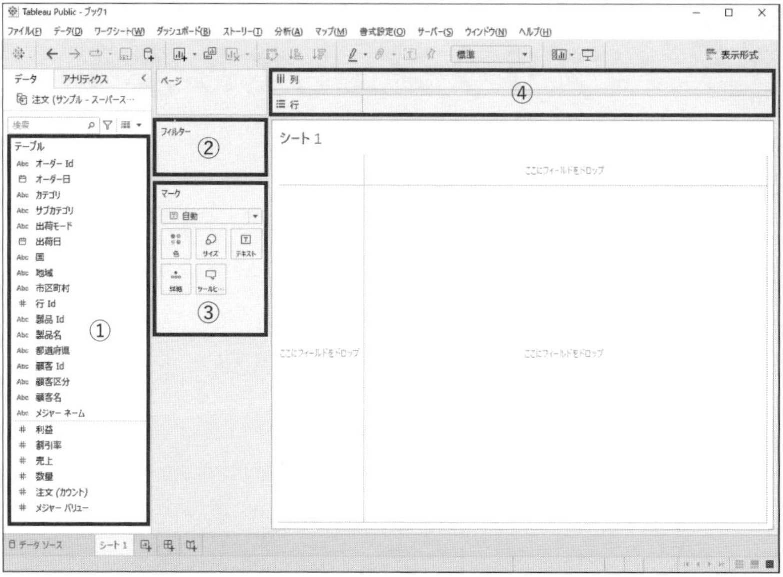

①データペイン

左側のサイドバーのようなところを**データペイン**といい、こちらに読み込んだデータの項目名が表示されています。データペインの上側に主に青色のアイコンで表示されているデータ項目は文字型や日付型などの定性的な値でTableauでは「**ディメンション**」と呼びます。また、下側に主に緑色のアイコンで表示されているデータ項目は数値型の定量的な値でありTableauでは「**メジャー**」と呼びます。データ分析では通常、「メジャー」を分析対象、「ディメンション」を分析の切り口として進めていくことになります。例えば、メジャーである「売上」をディメンションの「カテゴリ」の切り口で可視化をして傾向を確認するなどです。また、Tableauではデフォルトで数値型以外はディメンション、数値型はメジャーと整理されてデータペインに表示されますがこちらは変更することが可能です。例えば数値型のID項目をメジャーではなくディメンションとして扱いたい場合は該当項目を右クリックして「ディメンションに変換」を選択するか、上側のディメンション領域にドラッグ&ドロップすることで変更する

ことができます。

▶②フィルター

画面のデータペインの右に位置するフィルターと書かれた領域は、作成したグラフにフィルターを適用したい場合に利用します。例えば、ディメンションにあるデータ項目の「カテゴリ」でフィルターをかけたい場合は、「カテゴリ」をフィルター領域にドラッグ＆ドロップすることで適用することができます。

▶③マークカード

画面のフィルターの下に位置するマークと書かれた領域は、作成したグラフの形を操作するときに使用します。ここではグラフの形状、色、サイズを任意で設定することができます。例えば、マークという表示の下のプルダウン項目を変更することでグラフの形状を変更することができます。

▶④列／行シェルフ

画面の右上に位置する広い面の上に「列」「行」と書かれた領域があり、この領域をシェルフと呼びます。ここにデータペインから「メジャー」や「ディメンション」をドラッグ＆ドロップすることで、グラフを作成していきます。なお、本書で「行にドラッグ＆ドロップ」などと記載されている場合は、行シェルフにドラッグ＆ドロップする操作を指しています。

それではさっそく、グラフを作っていきましょう。

今回は「利益」の状況を可視化していきたいと思います。左のデータペインから「利益」を右上の「行」にドラッグ＆ドロップしてみましょう。そうすると売上の合計値に関する棒グラフが表示されます。また、グラフにカーソルを当てるとツールヒントで利益合計値を確認することができます。利益合計値は27,394,728円のようです。

●利益の棒グラフの作成

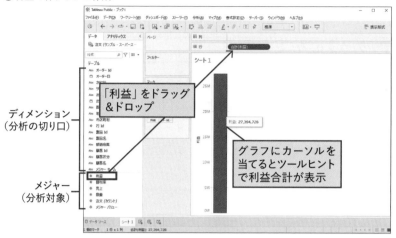

　続いて分析の切り口であるディメンションをグラフに追加していきます。今回は「カテゴリ」を追加して「カテゴリ」毎の利益合計の状況を見ていきたいと思います。それではデータペインにある「カテゴリ」を右上の「列」に入れてみましょう。そうすると「カテゴリ」毎の利益合計の状況を棒グラフで可視化することができました。利益の合計としては家具が最も大きいようです。

●カテゴリの追加

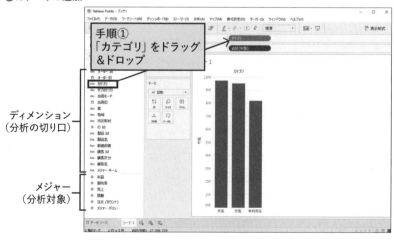

　続いて利益の合計値ではなく、平均値を確認してみましょう。

　「行」に格納した「合計（利益）」を右クリックするとオプション画面が表示されます。今回はメジャーの集計方法を変更したいため、「メジャー（合計）」から「平均」を選択しましょう。そうすると、集計方法が「合計」から「平均」に変えることができます。なお、同様の手順で中央値や最大値などを確認することも可能です。また、操作を間違えてしまった場合はExcelなどの操作と同様に Ctrl キー + Z キーや、画面左上の「←」の矢印アイコン（元に戻すボタン）で操作を戻すことができますので、適宜活用ください。

　表示された利益の平均値のグラフを確認すると、家具と家電が同程度で、事務用品はかなり小さいことが分かります。事務用品は一般的に家具や家電と比較して商品単価も低いため利益の平均値も小さいのだと想定されます。

▼ 平均値への変更

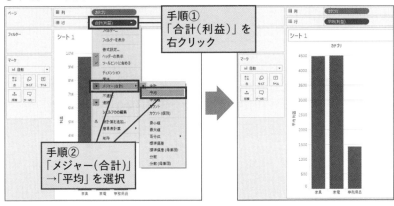

手順①
「合計（利益）」を
右クリック

手順②
「メジャー（合計）」
→「平均」を選択

　ここまでの操作について、少しExcelベースで振り返ってみましょう。

　まず、元データであるExcelの「サンプル-スーパーストア」をTableauに読み込みました。そうするとExcelの列名（データ項目）が、左のデータペインに数値型以外はディメンションとして上部に、数値型はメジャーとして下部にデータ項目として表示されました。

●操作の振り返り～データ読み込み～

オーダーID	オーダー日	出荷日	出荷モード	顧客名	顧客区分	地域	カテゴリ	サブカテゴリ	売上	利益
JP-2022-1000099	2022/11/8	2022/11/8	即日配送	谷奥 大地	消費者	北海道	家具	本棚	16974	-1986
JP-2023-1001016	2023/10/7	2023/10/10	ファーストクラス	飯沼 真	消費者	中部地方	事務用品	アプライアンス	52224	25584
JP-2021-1001113	2021/8/18	2021/8/21	ファーストクラス	笹淵 大輔	消費者	中部地方	事務用品	バインダー	3319.2	211.2
・・・	・・・	・・・	・・・	・・・	・・・	・・・	・・・	・・・	・・・	・・・

数値型以外はディメンション（切り口）として上部に表示

数値型はメジャー（分析対象）として下部に表示

　その後、「利益」を行にドラッグ＆ドロップしました。この操作により元データのExcelの列「利益」の合計値を算出し、棒グラフとして表示しました。

●操作の振り返り～利益の合計～

オーダーID	オーダー日	出荷日	顧客名	顧客区分	地域	カテゴリ	サブカテゴリ	売上	利益
JP-2022-1000099	2022/11/8	2022/11/8	谷奥 大地	消費者	北海道	家具	本棚	16974	-1986
JP-2023-1001016	2023/10/7	2023/10/10	飯沼 真	消費者	中部地方	事務用品	アプライアンス	52224	25584
JP-2021-1001113	2021/8/18	2021/8/21	笹淵 大輔	消費者	中部地方	事務用品	バインダー	3319.2	211.2
・・・	・・・	・・・	・・・	・・・	・・・	・・・	・・・	・・・	・・・
JP-2023-1550839	2023/11/19	2023/11/25	阿藤 真	小規模事業所	中国地方	家電	電話機	65030	595
JP-2021-1105534	2021/8/15	2021/8/22	沼田 結菜	消費者	九州	事務用品	保管箱	6138	255

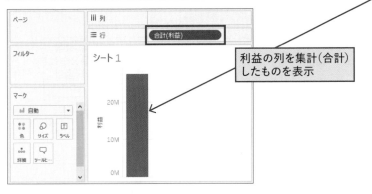

利益の列を集計（合計）したものを表示

　続いて、「カテゴリ」を列にドラッグ&ドロップしました。元データのExcelの列「カテゴリ」には「家具」「家電」「事務用品」という3つの要素が含まれているのですが、この操作により「カテゴリ」の3つの要素毎に、列「利益」を集計（今回は合計）して棒グラフを表示することができました。

▼操作の振り返り〜カテゴリ毎の集計〜

オーダーID	オーダー日	出荷日	顧客名	顧客区分	地域	カテゴリ	サブカテゴリ	売上	利益
JP-2022-1000099	2022/11/8	2022/11/8	谷奥 大地	消費者	北海道	家具	本棚	16974	-1986
JP-2023-1001016	2023/10/7	2023/10/10	飯沼 真	消費者	中部地方	事務用品	アプライアンス	52224	25584
JP-2021-1001113	2021/8/18	2021/8/21	笹淵 大輔	消費者	中部地方	事務用品	バインダー	3319.2	211.2
・・・	・・・	・・・	・・・	・・・	・・・	・・・			
JP-2023-1550839	2023/11/19	2023/11/25	阿藤 真	小規模事業所	中国地方	家電	電話機	65030	595
JP-2021-1105534	2021/8/15	2021/8/22	沼田 結菜	消費者	九州	事務用品	保管箱	6138	255

カテゴリの要素（家具、家電、事務用品）毎に利益の列を集計（**合計**）したものを表示

また列「利益」の集計方法を合計から平均に変更する操作を行いました。この操作により、「カテゴリ」の3つの要素毎に、列「利益」を集計（今回は平均）して棒グラフを表示することができました。

▼操作の振り返り〜平均値での集計〜

オーダーID	オーダー日	出荷日	顧客名	顧客区分	地域	カテゴリ	サブカテゴリ	売上	利益
JP-2022-1000099	2022/11/8	2022/11/8	谷奥 大地	消費者	北海道	家具	本棚	16974	-1986
JP-2023-1001016	2023/10/7	2023/10/10	飯沼 真	消費者	中部地方	事務用品	アプライアンス	52224	25584
JP-2021-1001113	2021/8/18	2021/8/21	笹淵 大輔	消費者	中部地方	事務用品	バインダー	3319.2	211.2
・・・	・・・	・・・	・・・	・・・	・・・	・・・	・・・	・・・	・・・
JP-2023-1550839	2023/11/19	2023/11/25	阿藤 真	小規模事業所	中国地方	家電	電話機	65030	595
JP-2021-1105534	2021/8/15	2021/8/22	沼田 結菜	消費者	九州	事務用品	保管箱	6138	255

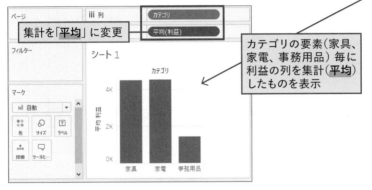

集計を「平均」に変更

カテゴリの要素（家具、家電、事務用品）毎に利益の列を集計（平均）したものを表示

Tableauはドラッグ&ドロップ操作でグラフがどんどんと作成できてしまいますが、元データを頭に浮かべながら裏でどのような集計がされているかを想像できるようになると、より効果的に利用することができるようになります。

　これで、記念すべき最初の可視化は終了です。拍子抜けした方もいらっしゃるかと思いますが、基本的なTableauの操作は左側にあるテーブルの中から項目を選んで右側の領域にドラッグ&ドロップすることで、Tableauで集計して可視化してくれるので非常に簡単です。

　このまま可視化を進める前に、一旦保存をしておきましょう。有償版のTableauと異なり、Tableau Publicは自分のPC自体には保存できない仕様となっており、作業した結果はパブリッシュする必要があります。序章でもお伝えしたように保存するとインターネット上にあるTableau Publicに公開されてしまうので、公開してはいけない業務データは利用しないなど十分に気を付けましょう。

　また、保存にはインターネット環境が必須なので、保存の際にはインターネットに接続するのを忘れないようにしましょう。

　では保存していきます。まずは左上の「ファイル」を選択した後、「Tableau Publicに保存」をクリックします。

⬤Tableau Publicの保存

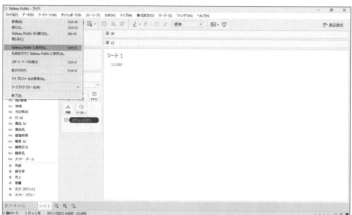

　保存をクリックすると、Tableau Publicへのサインインを求められることがあるので、求められたらログインしてください。

⬤Tableau Publicへのサインイン

　必要情報を入れてサインイン出来たら、ファイル名を決める画面が出てくるので適当に名前を付けて保存をクリックしましょう。

　今回は「Chap1-DataAnalytics Book」という名前を付けて保存します。

▼ ファイル名の決定

　保存するとパブリッシュが始まり、終了するとWebのTableau Publicの画面が表示され、無事に保存が終了します。

▼ 保存完了

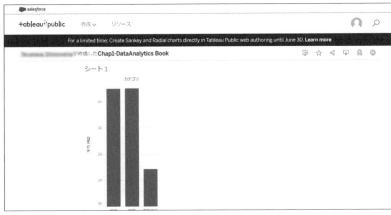

　これで、アプリケーションを閉じても大丈夫です。今後、インストールしたTableau Publicを閉じた後に再開したい場合は、Tableau Publicを起動した後に、左上の「ファイル」から「Tableau Publicから開く」をクリックします。すると、パブリッシュ済みの一覧が表示されるので、選択すると読み込みができます。ここでもインターネット接続が必須なので注意しましょう。

▼保存データの読み込み

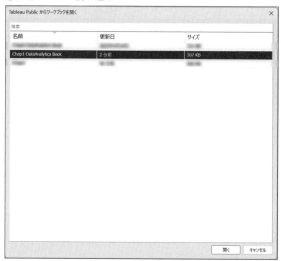

　これで、簡易的な可視化から保存までの一通りの操作を覚えました。ここまでは操作を中心に説明してきました。いろんなグラフを作ってみたいという気持ちになっていてくれると大変嬉しいのですが、そのはやる気持ちを少しだけ押さえて、まずはどんな風に考えてグラフを作成していくべきなのかを思考しやすくするためのポイントを説明していきます。

思考しやすくするポイントを
考えてみよう

Business Intelligence Tools

それでは、どんなグラフを作成するべきなのかの思考をするためのポイント
を説明していきます。ここではTableauは使いません。先ほどやってきた作業
も少しだけ思い出しながら考えていきましょう。

まずここまでやってきた中での重要なポイントは、利益という指標をカテゴ
リという切り口を追加して比較することで情報を引き出してきたということで
す。ここでディメンションを確認してみると、先ほどやったカテゴリというのは
製品情報という切り口であって、それ以外にも顧客区分などのように顧客情
報という切り口もあることが分かります。またそれ以外にもオーダー日のように
時系列という切り口も存在します。一方で、製品カテゴリにはサブカテゴリも
存在し、先ほど見たカテゴリよりも一段細かい切り口での可視化も考えられ
ます。これらは、顧客区分/製品カテゴリのように違う切り口で見て視点を広
げていく方向と、製品カテゴリ/サブカテゴリのように深掘りしていく2つの方
向があります。また、顧客区分×製品カテゴリのように切り口を追加していく
ことで深掘りしていくこともあります。

では、これらのバランスを意識しながら思考していくにはどうすれば良いの
でしょうか。Tableauに代表されるようなBIツールには、データペインのよう
にデータ項目が一覧で表示されるものが存在し、ディメンションとメジャーの
ように分かりやすく分かれています。このデータペインを可視化の要素として
整理しておくと非常に効率的にいろんな情報を引き出すことができます。

▼ データペイン

　これらのメジャー／ディメンションが1つの指標であり1つの切り口です。ただ、このままだとたくさんありすぎて整理できていないので、少しだけまとめてみましょう。特に切り口を追加することで分かることを広げていくので、切り口（ディメンション）の整理は必須です。整理のポイントはグループ化です。各項目がどのようにまとめられるか考えてみましょう。

　まずは顧客区分に代表される顧客情報ですね。顧客情報には顧客区分、顧客名、顧客ID、国／地域、地域、都道府県、市区町村などが顧客に紐づく情報です。この中でも顧客区分 - 顧客名（顧客ID）の順番に細かくなり、各顧客別に国／地域 - 地域 - 都道府県 - 市区町村の順番に細かくなります。地域などの情報は顧客情報として今回は考えましたが、別で地域情報として整理しても大丈夫です。

　次に、製品カテゴリに代表される製品情報ですね。製品情報には、カテゴリ、サブカテゴリ、製品名が製品に紐づく情報であり、カテゴリ - サブカテゴリ - 製品名の順番で細かくなってきます。

　また、先ほどやったように時系列も立派な切り口でしたね。時系列情報は、オーダー日ですが、今回の場合は年、月、日の単位まで細かく用意されています。時間単位まで情報を保持している場合もあり、その場合は注文された時間帯などまで分析が可能になります。

　その他にも今回の場合は、出荷モードなどがありますので、注文時情報もありますね。出荷モードや出荷日などがそれに該当しますが、出荷日は注文日と引き算などをして出荷までの日数のような形にもすることができます。

　これらを整理すると、次図のようになります。

▼ データ要素の整理

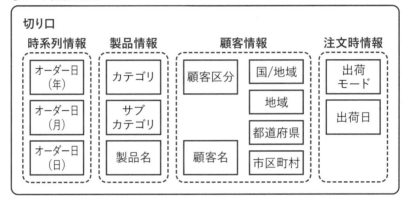

　こちらの図を横に置いておくだけでいろいろ思考が広がりませんか。上の情報の方がデータの粒度が大きく、下に行くほど情報が細かくなっていきます。そして分析のコツは、最初から細かい部分を見るのではなく、大きい部分から思考をスタートさせることです。木を見て森を見ない状態にならないように、上から順番に見ていくと良いでしょう。「顧客情報」であれば「顧客区分」を可視化からしていくべきですし、製品も「カテゴリ」から「サブカテゴリ」に分解していくのが重要です。いきなり顧客名や製品名などの細かい部分を見ても特定の顧客の売上や売上トップ10企業などは分かりますが、基本的に細かい情報をグラフ化するとグラフは非常に見にくくなっていくため傾向を把握することは困難になっていきます。まずは、大きなところから情報を掴み

ながら深掘りしていく意識を持ちましょう。

　では、切り口の整理が終わりましたが、実際にはここに指標（メジャー）が掛け合わさって可視化が行われます。先ほどは利益だけでしたが、今回のデータではその他にも売上なども存在します。

●指標一覧

　こちらは、特に上下で情報が細かくなるということはありません。ただし、売上／利益／数量などはある程度関係性はありそうに思えますね。実際には可視化して確認するのが重要ですが、なんとなく相関関係なども頭に入れておくと良いでしょう。また、先ほど操作しながら説明したようにTableauは集計ツールであり、売上であっても合計するのか平均するのかなどを簡単に変えることができます。そういう意味では、指標の項目としては「売上」「利益」などですが、そこには「合計」「平均」「中央値」などの集計方法が組み合わされてくるのを頭に入れておくと良いでしょう。

　Tableauでデータを読み込むと自動的にメジャーとディメンションに分けてくれますが、基本的には数字なのかどうかなどのデータの型で分けているため、必ずしも正しいとは限りません。そのためデータペインの中身をしっかり確認して、メジャーとディメンションを正しい形に整えるのも重要なので覚えておきましょう。

　ここまでの整理した切り口と指標を横に置きながら、これらの要素の掛け

算を作っていきながら情報を引き出していくのが思考の試行錯誤です。振り返ってみると最初に利益の合計値を把握しました。つまり利益単体での可視化です。そのあとに、利益×カテゴリを可視化しましたね。また、合計値だけではなく利益の平均での集計も行いました。先ほどはやりませんでしたが、それ以外にも利益×サブカテゴリという深掘りや、利益×顧客区分のように広げることも可能です。また、利益×顧客区分×カテゴリの可視化によって、顧客かつ製品で細かく見ていくことも可能です。

▼指標×切り口

```
┌─────────────────────────────────────────┐
│              利益                          │
└─────────────────────────────────────────┘

┌───────────────────────────┐  ┌──────────────────────────┐
│ 利益      ┌─ カテゴリ ─┐   │  │  利益  ×  顧客区分        │
│ 合計/平均 ×│           │   │  └──────────────────────────┘
│           └─ サブカテゴリ ┘ │
└───────────────────────────┘

┌─────────────────────────────────────────┐
│   利益  ×  顧客区分  ×  カテゴリ           │
└─────────────────────────────────────────┘
```

　利益のみが情報としては最も粒度が粗くて、下にいくほど情報は細かくなっていきます。利益×カテゴリよりも利益×サブカテゴリの方が情報の粒度は細かく、さらに切り口が2つになる方が情報は細かくなっていきます。「利益×サブカテゴリ」と「利益×顧客区分×カテゴリ」のどちらの方がデータが細かいかは微妙なラインですが、ここでは切り口の細かさが細かいほどデータは細かくなり、切り口を追加すればするほどデータが細かくなっていくということを頭に入れておきましょう。そういう意味では、切り口を闇雲に追加していくのではなく、情報の粒度を意識していくと良い比較ができるでしょう。

　さてここまで整理すると先ほどの切り口、指標を見ながらいろんな発想が生まれてきませんか。もう一度図示したものから考えてみましょう。

● 指標と切り口の一覧

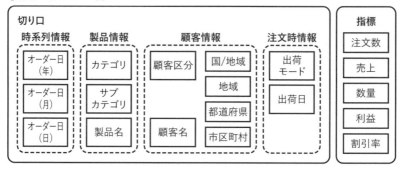

　正直な話、この全部の組み合わせに対して作ろうと思えば作れます。ただやはり原則は大きなところから可視化していくことです。先ほどまでは「利益」をベースに簡単に可視化していきましたが、「売上」をベースに同じように時系列情報、顧客区分、製品カテゴリなどを見ていっても良いですし、先ほどの「利益」でまだ見られていない「顧客区分」「サブカテゴリ」「地域」などの情報を可視化していくとまた新しい知見を得ることができるかもしれませんね。

　このように使用するデータを少し整理しておくことで発想は広がっていきますし、着眼点もいろいろ出てくるでしょう。では、1章の最後に「利益の状況を把握する」というテーマに対して考えて可視化していってみましょう。思考しながらもTableauの操作に慣れるという技術的な側面も強いので積極的に手を動かしていきましょう。

テーマに対して考えながら
可視化をしてみよう

Business Intelligence Tools

さて、1章の最後になりますが、ここでは「利益の状況を把握する」というテーマに向き合っていきたいと思います。では「さっそく可視化しましょう」ということはせずに先ほどの図をもとに作るグラフを少し考えてから可視化していきましょう。

まずは、「利益」のみで考えた時に、「利益」自体がどのようになっているかを考えたいところです。先ほどは利益の合計値しか出しませんでしたが、一般的には平均値や中央値などの統計量とデータの分布を作っていきます。

次に、「利益」に他の要素を追加して考えてみると、「顧客区分別の利益はどうなっているのか?」「製品カテゴリ別の利益はどうなっているのか?」「一番利益が高いのはいつか?」「地域別の利益はどうなっているのか?」などが考えられますね。これは、それぞれ「利益」×「顧客区分」、「利益」×「製品カテゴリ」、「利益」×「製品サブカテゴリ」、「利益」×「時系列」、「利益」×「地域」となっていきます。

切り口を追加するだけではなく指標も追加できます。例えば、売上と利益の関係はおよそ相関する気がしますが、「利益」×「売上」を可視化することでデータからしっかりと確認できます。ここでは、「利益」×「売上」、「利益」×「数量」を可視化してみましょう。ここまで考えたグラフとしては下記になります。

- ◆「利益」（合計/平均/中央値）
- ◆「利益」（データ分布）
- ◆「利益」×「顧客区分」
- ◆「利益」×「製品カテゴリ」
- ◆「利益」×「製品サブカテゴリ」

- ◆「利益」×「時系列」
- ◆「利益」×「地域」
- ◆「利益」×「売上」
- ◆「利益」×「数量」

　この中で、「利益」×「製品カテゴリ」は先ほどやった作業なのでそれ以外のグラフを作成していきます。先ほどのように、どのように集計されているのかも考えながら進めていくと良いでしょう。

　Tableauは先ほどのものと同じものを使用するので閉じてしまった方は開き直しましょう。閉じてしまった場合は、Tableau Publicを起動した後に、左上の「ファイル」から「Tableau Publicから開く」をクリックします。すると、パブリッシュ済みの一覧が表示されるので、先ほど保存したものを選択すると読み込みができます。インターネット上にあるTableau Publicに保存してあるので、もし読み込む場合はインターネット接続が必要です。

　まずは新しいシートを追加していきます。左下の「シート1」の右に表示された3つのアイコンの一番左にあるアイコンにカーソルを当てると「新しいワークシート」と表示されます。そちらをクリックして新しいシートを追加したら、利益をマークカードのテキストに入れてください。先ほどは行に入れてグラフを作成しましたが、今回はマークカードのテキストに入れて数字を表示していきます。

●利益 - 合計

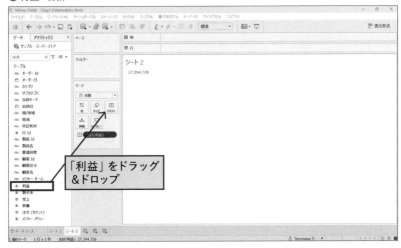

「利益」をドラッグ
＆ドロップ

　これによると、27,394,728円となり、先ほど作成してツールヒントで確認した値と同じです。これは4年分の合計の利益となりますので、ざっくり4で割ると680万円程度が年間の利益であることが想像できます。ではこれを平均にしてみましょう。先ほどテキストに入れた「合計（利益）」を、右クリックして、「メジャー（合計）」→「平均」と選択します。先ほど変えた手順と同じです。

●利益 - 平均

　2,739円という数字が出てきました。これは、今回のデータの利益合計に対してデータ数を割った金額となります。つまり、1データあたり約2,739円の利益となっているということです。データ件数が10,000件だったので間違いないですね。では、中央値も見てみましょう。先ほどと同様に右クリックして、「メジャー（平均）」→「中央値」と選択します。

▼利益 - 中央値

　中央値にすると692円となっており、平均値と大きく異なります。平均値は非常に高い利益に引っ張られてしまっていますが、中央値は今回のデータの真ん中のデータとなります。例えば、データが250円/500円/750円/1,500円/57,000円のケースだと、平均値は20,000円、中央値は750円と大きく異なります。市場のデータは一部のコアユーザーに支えられているモデルになっているのがほとんどなので、平均値に騙されないようにしましょう。そのためにも、データの分布を確認するのは重要なのです。

　では、シート名を「代表値」と変えてから新しいシートを追加して売上データの分布を作ってみましょう。下段のシート名（今回はシート2）を右クリックして、名前の変更をクリックして、「代表値」に変更します。

● シート名の変更

　せっかくなので、シート1もシート名を変更しておきましょう。シート1は、「利益×カテゴリ」というシート名に変えます。シート名の変更が終わったら、先ほどと同じように下部のアイコンをクリックして新しいシートを追加してください。新しいシートに「利益」を「列」に入れた後に「表示形式」からヒストグラムの絵を選びます。

● 利益データ分布の作成

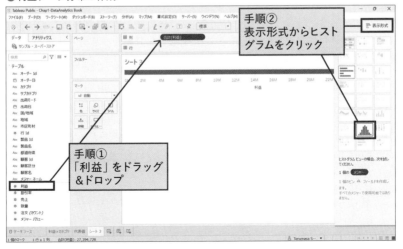

これによって、データ分布が作成されます。

▼利益データ分布

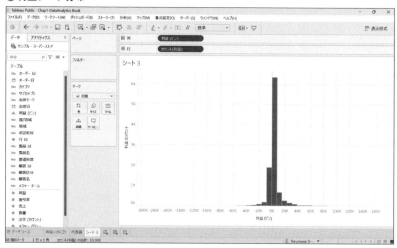

このようなグラフを**ヒストグラム**と言います。これはデータを特定の区間に分割し、分割した区分ごとにデータの件数を集計した棒グラフです。つまりこれは利益が0付近のデータが非常に多く、高額になるなど、利益が0付近から離れるほどデータが少なくなっていきます。また、利益はマイナスも取ることがあるので、0から左側にもデータが伸びています。

身長や体重などのデータ分布は左右対称の分布になることが多く**正規分布**と言います。一方で売上などの市場データは、左右非対称となり、裾を引いたような分布になることが多いです。このような分布を**べき分布**と言います。「上位20％の優良顧客が全体の80％の売上を占める」や「商品の売上の80％は、全製品のうちの2割で生み出している」という80対20の関係性を**パレートの法則**と呼びますが、それを体現したデータ分布です。完全に80対20ではない可能性はありますが、世の中のデータはほとんどが偏ったデータなので頭に入れておきましょう。もし余力があれば「売上」などのデータ分布を作成してみてください。

では、ここまでで「利益」だけでの可視化が終わりました。シート名に

「データ分布」とつけて新しいシートを追加しましょう。

では、続いて「利益」×「顧客区分」、「利益」×「時系列」、「利益」×「地域」を一気に可視化していきましょう。先ほど作成した「利益」×「カテゴリ」と手順は同じです。まずは、「利益」×「顧客区分」です。「列」に「顧客区分」、「行」に「利益」を入れてみましょう。また、グラフの上にマウスカーソルを当てると数字を見ることができますが、一目でわかるようにグラフに数字を表示させましょう。マークカードの「ラベル」に「利益」をドラッグ&ドロップします。

●利益×顧客区分グラフ

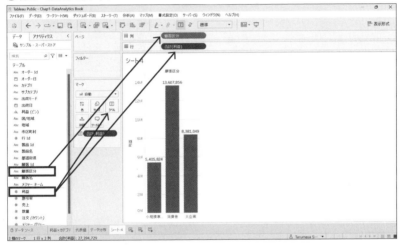

可視化すると消費者、大企業、小規模事業者の順番で利益が高いことが分かります。先ほどと同様に考えると今回の可視化は次図のようになります。

●利益×顧客区分グラフの集計

オーダーID	オーダー日	出荷日	顧客名	顧客区分	地域	カテゴリ	サブカテゴリ	売上	利益
JP-2022-1000099	2022/11/8	2022/11/8	谷奥 大地	消費者	北海道	家具	本棚	16974	-1986
JP-2023-1001016	2023/10/7	2023/10/10	飯沼 真	消費者	中部地方	事務用品	アプライアンス	52224	25584
JP-2021-1001113	2021/8/18	2021/8/21	笹淵 大輔	消費者	中部地方	事務用品	バインダー	3319.2	211.2
・・・	・・・	・・・	・・・	・・・	・・・	・・・	・・・	・・・	・・・
JP-2023-1550839	2023/11/19	2023/11/25	阿藤 真	小規模事業所	中国地方	家電	電話機	65030	595
JP-2021-1105534	2021/8/15	2021/8/22	沼田 結菜	消費者	九州	事務用品	保管箱	6138	255

顧客区分の要素（消費者、小規模事業者、大企業）毎に利益の列を集計（**合計**）したものを表示

先ほどは、カテゴリに対して合計されたものでしたが、今回は顧客区分ごとに集計されたものになります。

では「合計（利益）」を中央値に変更してみましょう。列の中にある「合計（利益）」とマークカードのテキストにある「合計（利益）」の両方を変更します。変更の仕方は、先ほどと同様に「合計（利益）」を右クリックして、メジャー（合計）を中央値に変更します。

▼利益中央値×顧客区分

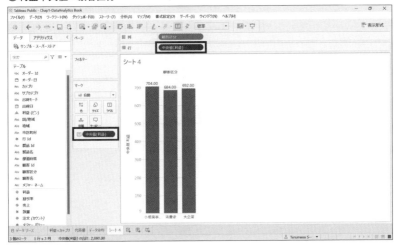

　これを見ると、どの顧客区分であろうと大きな差は見られずに600円台後半から700円となっています。これは1データあたりの利益は顧客の区分には依存しないとなります。そうなると当然データ数が多ければ利益は高くなる傾向にあるはずです。ここでは集計イメージは説明しませんが、先ほどまでは顧客区分ごとに合計値として集計していたものが、顧客区分ごとに中央値で集計して形になるのでイメージをしっかり持っておきましょう。

　では、続いて製品カテゴリに移っていきますが、ここでもシートを右クリックして「名前の変更」をしてから作成していきます。今回は、「利益×顧客区分」という名前に設定しました。先ほど製品カテゴリ×利益は可視化済みなのでここでは「製品サブカテゴリ」×「利益」を見ていきますが、先ほど製品カテゴリ×利益は可視化してあるので、先ほど作成した「利益×カテゴリ」シートを編集する形で作成しましょう。まずは下段から「利益×カテゴリ」シートを選択します。次に、「サブカテゴリ」を「列」の「カテゴリ」の横にドラッグ＆ドロップします。続いて、マークカードのラベルに「利益」を入れてください。また、少しだけ見やすくするために、ソートもやってみましょう。図のように画面上部にソートボタンがあり、そちらを押下することでソート可能です。

●利益×サブカテゴリ

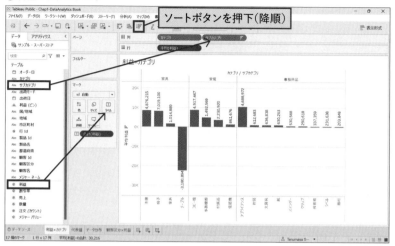

　サブカテゴリまで分解するとひと際目を引くのがテーブルですね。カテゴリ単位では家具は黒字で問題ないように見えましたが、サブカテゴリまで分解するとテーブルの赤字が非常に気になります。深掘りすることで新たな知見を得ることができる典型的な例でしょう。

　では、続いて、利益×時系列を見ていきましょう。

　新たにシートを追加して、「列」に「オーダー日」を、「行」に「利益」を入れてみてください。マークカードのラベルに「利益」を入れるのも忘れずに行いましょう。

●利益×年推移

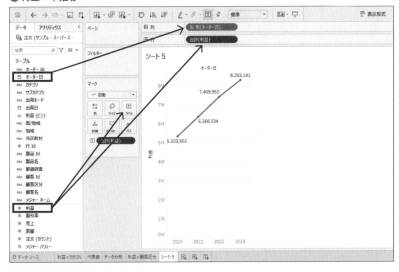

これを見ると利益は右肩上がりですね。もう少し時系列の単位を詳細化してみましょう。列のオーダー日の横にある+ボタンをクリックすることで簡単に詳細化できます。

●時系列の詳細化

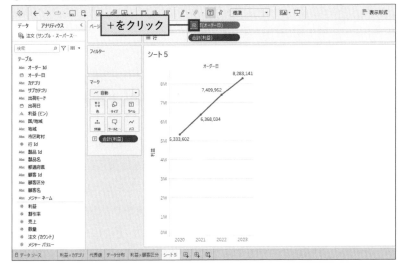

クリックすると、四半期（オーダー日）が追加されて、四半期ごとの利益が確認できます。

▼利益×四半期推移

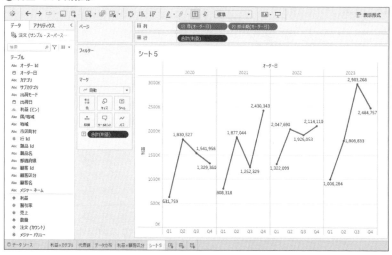

　四半期で見ると単純な右肩上がりではないことが分かります。どの年もQ1からQ2にかけて利益が上昇する傾向があり、Q3とQ4は各年により少し傾向が異なるようです。このケースでは季節性もありそうですね。ここでは四半期までしか分解していませんが、さらに四半期の横の+マークをクリックすると月単位、日単位と詳細化することも可能です。

　一点注意が必要なのが、Tableauの初期設定は1月が年度スタートになっています。そのため、Q1が1月～3月として集計されてしまうので注意しましょう（会計年度を4月からなどに変える方法もあります）。

　さて、ここまで進めてきて、時系列で見ると概ね右肩上がりで利益が伸びている傾向でした。一方で、サブカテゴリのテーブルは大きくマイナスの利益となっていましたね。この赤字傾向は一体いつからなのか、はたまたこの赤字が増えているのかなどが少し気になりませんか。そこで、この時系列グラフにサブカテゴリを追加してみましょう。マークカードの「色」に「サブカテゴリ」を入れてみてください。

●利益×四半期推移×サブカテゴリ

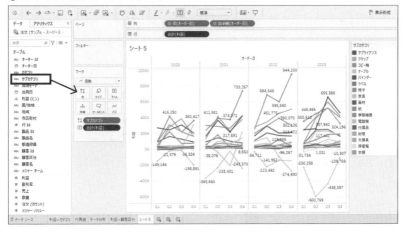

　サブカテゴリが色に入ることで、サブカテゴリごとに時系列推移が確認できます。これまでのように、行/列に入れる以外にも色に入れることでも集計単位を変えることができるので覚えておきましょう。

　利益がマイナスになっているテーブルは、もともと赤字傾向でしたが、最後の年は前半から一旦大きく下がり、Q2で最大の赤字額となっています。しかしその後は回復傾向にあることがわかります。何かしらのキャンペーンなどでの割引が影響して一時的に利益が下がっただけなのか、はたまた急速に赤字になってきたので何かしらの手を打って利益を回復させたのかは分かりませんが、何かしらヒアリングしてみるのも良さそうなことが分かりますね。

　ここまで、製品カテゴリからサブカテゴリに深掘りすることで、テーブルでの利益がマイナスであることが分かりました。またその情報に時系列をかけ合わせることで、全体としての利益は増加傾向ですが、テーブルの特に最後の年のQ2の赤字が少し利益の足を引っ張っていることが分かりました。しかし、テーブルの利益はQ3以降回復しており、まだ注視していく必要はありますが、一旦は安心できるデータになっていることが分かりました。

　さて、ではもう少し思考を広げてみるために、「利益」×「地域」を新たに可視化してみましょう。

　まずは先ほど作成した利益×時系列推移のグラフのシート名を「利益×時

系列推移」と設定してから新規シートを作成しましょう。

「地域」を「列」に、「利益」を「行」にドラッグ＆ドロップします。マークカードのラベルに「利益」を入れるのと、ソートも先ほどと同じようにやってみましょう。

▼利益×地域

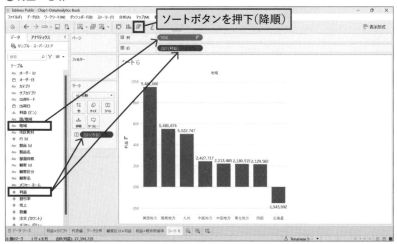

こちらも、一目で分かるのが北海道の利益が赤字であるところですね。こうなってくると気になるのは、先ほども確認した時系列推移として北海道がどうなっているのかと、テーブル×北海道がどうなっているか、という部分ですね。

まずは、時系列推移の可視化を行ってみましょう。まずは、今回作成したシートに名前を付けます。今回は「利益×地域」というシート名で保存します。保存が終わったら、先ほど作成した「利益×時系列推移」シートの複製をしましょう。シートの複製は、シート名の変更と同じように下段のシート名の中から複製したいシート名にマウスカーソルを合わせて右クリックをします。その後、複製をクリックすると「利益×時系列推移 (2)」という名前で複製されます。

●▼シートの複製

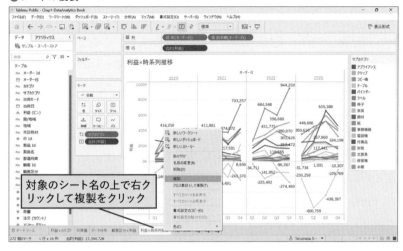

対象のシート名の上で右ク
リックして複製をクリック

シートが複製されたら、複製されたシートに対して、「地域」を「色」にド
ラッグ&ドロップしてサブカテゴリから地域に変更します。

●利益×四半期推移×地域

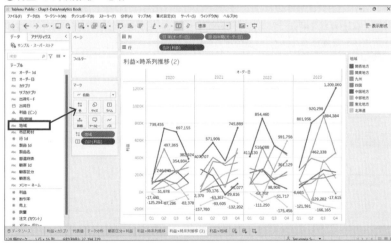

その結果、色に地域が入るので、地域ごとに色が分かれて可視化されます。これを見ると、北海道は常に赤字であり、最後の年に関してはどんどん利益が悪化しており、先ほどのテーブルよりもテコ入れが必要な領域であることがわかりますね。また、中部地方については最後の年のQ2の利益は大幅に減少しており、テーブルの利益が下がっている理由は中部地方の可能性もあります。

その確認も兼ねて「利益」×「サブカテゴリ」×「地域」の可視化をしてみましょう。ここでは**ヒートマップ**を作成してみます。

まずは新しいシートを作成し、「サブカテゴリ」を「列」に、「地域」を「行」に、「利益」をマークカードの「テキスト」にドラッグ＆ドロップします。その後、表示形式でハイライト表をクリックします。ヒートマップができますが、少し見にくいので行/列を入れ替えましょう。ドラッグ＆ドロップして項目を入れ替えてもいいですが、画面上部のソートボタンの横に行/列の入れ替えボタンがあるのでクリックすることで入れ替えることができます。

🔻利益×サブカテゴリ×地域の作成

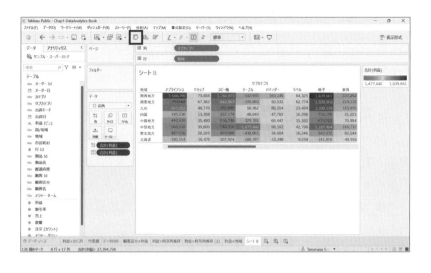

●利益×サブカテゴリ×地域

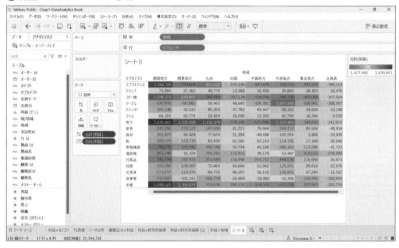

　一目瞭然で分かるのが中部地方のテーブルカテゴリですね。北海道は全体的に赤字傾向ですが、最も赤字と計上しているのは中部地方のテーブルであることが分かりました。中部地方は椅子では大きな利益を出しているので、全体で合計すると見つけにくいですが、今回のように地域×サブカテゴリで分けると一目瞭然です。このように、多角的な視点と深掘りを組み合わせな

がら見ていくことで利益の状況を把握することが可能になります。さて、次に移る前にシート名に「利益×サブカテゴリ×地域」という名前を付けておきましょう。

さて、ここまでは切り口×「利益」で可視化を行ってきましたが、「利益」という数字をもう少し考えるために「数量」や「売上」との関係を見ていきましょう。2つの指標を可視化するためには散布図にするのが一般的です。利益と数量が右肩上がりの関係ならば数量と利益は相関しており、数量が高いと利益も高く、その逆もしかりです。

では、新しいシートを追加したら、「利益」を「行」に「数量」を「列」に入れてみましょう。

▼利益×数量

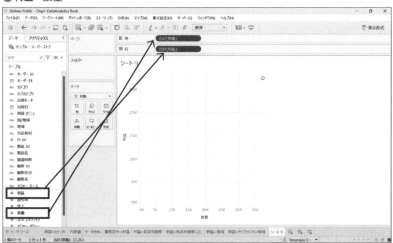

お互いの数字が合計したものが表示されてしまいます。これは**散布図**とは呼べませんね。ここまでも説明してきたようにTableauは集計ツールなので、指標を行/列に入れると自動的に集計してしまいます。そのため散布図を作るためには、どの粒度で集計した結果を散布図にプロットしたいのかを設定する必要があります。ここでは「オーダーID」の粒度で集計した結果をプロットしたいため、オーダーIDをマークカードのラベルに入れてみてください。詳細に入れても問題ありません。

● 利益×数量 散布図

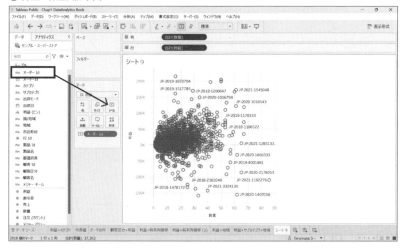

これで1件あたりのデータに分かれて可視化できます。これを見る感じだと、相関関係が強いとは言えなそうですね。相関関係をより把握するためには、グラフの上で右クリックして「傾向線」「傾向線の表示」とすると傾向線が表示されます。やってみましょう。

● 傾向線の表示

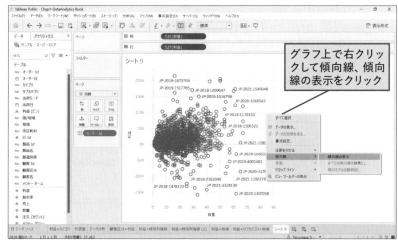

グラフ上で右クリックして傾向線、傾向線の表示をクリック

これで傾向線が表示されるので、表示された傾向線の上にマウスカーソルを合わせてみましょう。引かれた傾向線の情報を確認することができます。

▼傾向線の情報

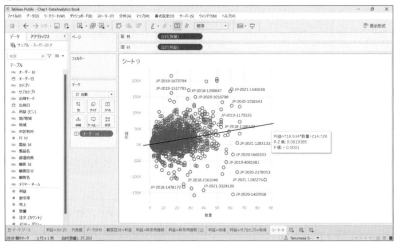

表示された結果を見るとR2乗値が0.08と出ています。この値が1に近いほど相関関係が強いと考えられます。今回は0.08なので数量と利益はほとんど相関関係はないと考えて良さそうです。

では、次にシートを保存した後に売上に対してもやってみましょう。保存したシート名は「利益×数量」としています。

では新しいシートで「売上」を行に「利益」を列に入れて、「オーダーID」を「詳細」に入れてください。

▼売上×利益

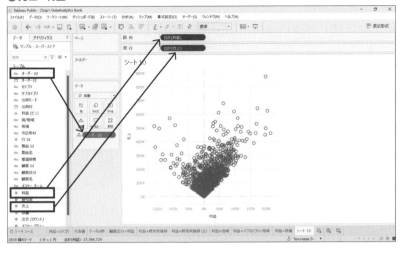

　売上と利益も単純な相関にはなっていませんね。売上が高くても利益がマイナスのものもあります。ここで気になるのは、割引率という指標です。割引すればするほど当然利益を圧迫することは想像できます。Tableauでは「計算フィールド」という機能を利用して、元データにはないカラムを作成してグラフ表示で利用することが可能です。では、計算フィールドの機能を使って、割引したものなのかどうかの切り口を追加してみましょう。

　次図を参考に1つずつやっていきましょう。まずは、割合率を右クリックして、「作成」「計算フィールド」を順番にクリックします。クリックすると計算フィールドが出てくるので、下記計算式を入れてください。また、上段の名前に「割引フラグ」を付けるようにしてください。

```
IF  [割引率]>0 THEN  '割引あり'
ELSE  '割引なし'
END
```

● 割引フラグの作成

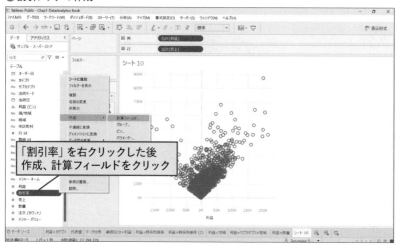

　作成すると左側のデータペインに「割引フラグ」が追加されると思います。もし名前を変え忘れたりした方は、計算1などで追加されるのでクリックして名前を「割引フラグ」に変えるようにしましょう。「割引フラグ」は、IF関数を用いて、割引率が0より大きい場合は「割引あり」、それ以外は「割引なし」と計算して表示するカラムになります。ではこの「割引フラグ」を色にいれてください。

●利益×売上×割引フラグ

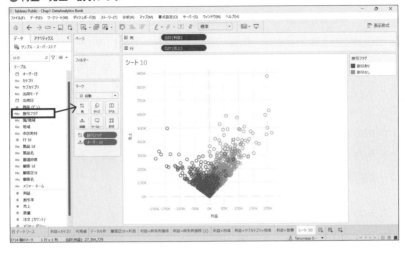

　見ると一目瞭然ですね。割引ありのものは利益を出しているものもあります
が、利益がマイナスのものも多く存在します。一方で、割引なしのものは右肩
上がりであり、売上が高いほど利益が高いのが分かります。この状態で傾向
線を表示してみましょう。先ほどと全く同じです。グラフの上で、右クリックし
て「傾向線」「傾向線の表示」を押します。

●利益×売上 傾向線表示

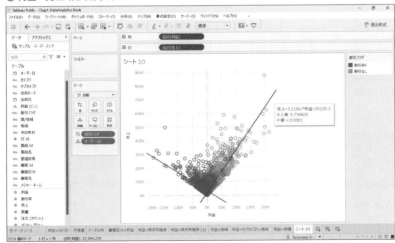

　そうすると割引なし/ありのそれぞれで傾向線を表示してくれます。割引なしの場合は、R2乗値も0.73と高い相関にあることが分かりました。

　ここまで考えると今回は「利益」に注目してやってきましたが、会社のことを考えるのであれば「売上」はもちろんのこと「割引率」も無視できないですね。そうしないと、売上を伸ばすためだけになんでもかんでも割引すれば良くなってしまいます。今回はこれ以上深掘りしませんが、いろいろ考えられることが増えてきましたね。最後に「利益」について向き合ってきた結果をちょっと振り返って終わりにしましょう。その前に、シート名を変えて保存しておきます。今回のシート名は「利益×売上」です。

　さて、では振り返っていきます。

　まずは今回「利益の状況を把握する」という少し抽象的なお題に対して取り組んでみました。まずは「利益」単体の把握に始まり、「利益」×「〇〇」を考えていくつかの視点で可視化してきました。また、途中で「地域」や「サブカテゴリ」に着目して、地域やサブカテゴリごとの時系列推移や、「利益」×「サブカテゴリ」×「地域」なども気になって追加で可視化もしてきましたね。

　まずは顧客区分では、消費者、大企業、小規模事業者の順番に利益の合計値が高くなっている一方で、中央値で見ると大きな変化はないことが確認できました。さらに製品カテゴリからサブカテゴリにブレイクダウンしていく中で、製品カテゴリの単位では隠れていた大赤字のテーブルというサブカテゴリを見つけることができました。また、地域の軸で見ていくと、北海道が赤字を計上している地域であることが分かりました。時系列推移と合わせると、利益自体は伸びているのが分かっています。ただ、テーブルは最後の年のQ2が最も底となりその後は回復傾向にあるものの、北海道は下降傾向であることが分かりました。テーブルの利益低下が一時的なもの、もしくは既に施策を打つことで改善しているのであれば問題ありませんが、少し注視が必要そうですね。また、中部地方のテーブルの利益が大きく影響しており、地域×サブカテゴリの中で最も赤字額が大きくなっていたので、ヒアリングをするなら中部地区の担当にヒアリングすることになるでしょう。また北海道に関しては、どの製品サブカテゴリでもあまり高い利益を出しておらず改善が必要なのではないかと考えられます。

ここまでで1章は終了となります。お疲れ様でした。

今回体験したようにテーマとデータがあれば、どのような切り口で攻めていけば良いかの突破口は見つけることはできます。それは今回のように、今あるデータの要素を整理して、1つ1つ深掘りしていく作業なのです。最初は操作に慣れるために、あまり難しいことを考えずに動かしながら考えてきました。その後、「利益の状況を把握する」というテーマに対して、要素を整理してまずは考えてから可視化に臨みました。ここで重要なのが、例えば売上アップが目的であれば分析内容は全く変わり、いくら利益に対して分析を進めても意味がありません。そのため、2章からは、まず分析目的などを整理した上で分析を進めていきます。分析はあくまでも手段であって目的ではないことを改めて認識してもらえたらと思います。

ここまで手を動かしながら読み進めていただく中で、可視化作業と思考を行き来する感覚を少し掴むことができたのではないでしょうか。それがデータの中を泳いでいく最も基本的な体力となります。ここでは紹介できなかったような技術的な操作やグラフの作り方などは自分で動かしながら学んでいくと良いでしょう。また次章以降でもいろいろと操作は覚えていくので心配しなくても大丈夫です。

本章で扱った分析はデータ起点でインサイトを探索する仮説探索的な分析アプローチです。今回はシンプルなデータでしたが、実際の現場ではカラム数も多く複雑なデータを扱うケースが多いため、すべての観点をしらみつぶしに分析するのは非効率で現実的ではありません。そのため、分析の目的とともに、有識者に考えられる仮説を確認し、その観点を裏付ける分析を進める仮説検証的な分析アプローチが有効となります。実際の分析プロジェクトではまずは仮説検証をデータで進めながらも怪しい箇所があればそこをデータ起点で仮説探索的に深掘り分析するようなハイブリッドなケースが多いため、そのような分析アプローチでを次章から分析を進めていきます。仮想的なプロジェクトの一員としてデータサイエンティストの業務を体験しながら技術・思考に両面に関する分析スキルを1歩ずつ習得していきましょう。

売上減少について
どこに手を打つべきか
分析を進めよう

　1章では2章以降の分析を進めるにあたっての基礎体力作りとして、Tableauの基本操作や、分析を進める上でのいくつかのコツについて解説しました。1章の内容を読みながら実際に手を動かすことでデータ分析のイメージが徐々に湧いてきたのではないでしょうか。

　2章からは、いよいよ実務に近い分析経験を積むために、架空のOA機器レンタル会社に所属する見習いデータサイエンティストとして、「売上が減少している」というビジネス課題の解決に向けてデータ分析で貢献できるよう一緒に分析を進めていきます。データ分析の業務では「ここ最近、売上が下がっているからなんとかしてよ」などのような粗いオーダーから仕事が始まるケースも多い状況です。粗い課題であってもその中からしっかり成果に繋げるところがデータサイエンティストの腕の見せ所と言えるでしょう。2章では「課題の絞り込み」、3章では「原因の特定」、4章では「対策の立案と実行」の課題解決フェーズに対して分析プロセスを進めて課題解決を目指していきます。

　1章とは異なり2章ではまず分析の目的や方針を整理するという思考方向から進めていきます。闇雲にグラフを可視化したとしてもゴールにたどり着くことが難しかったり、非常に遠回りしてしまうケースが多いため、分析の目的や方針を最初に考えてみることが非常に重要です。未経験の人からすると、分析方針を立てるということ自体が最初の障壁になるケースが多いので、1章では最初に手を動かしつつ考えるということを行ってきましたが、1章を経験したあなたは、分析方針を思考する土壌が整っています。まずは思考から進めて、粗い課題を深掘りするために、課題の絞り込みを行っていきましょう。

分析プロセス

凡例 | フェーズ

分析目的や 課題の整理 （どのような 料理が食べ たいか確認）	分析 デザイン （どのような 食材や調理法 で作るか）	データ 収集・加工 （食材を集め 下ごしらえ）	データ 分析 （準備した 食材で調理）	分析結果の 活用 （盛り付けて 提供）

（）内は料理に例えた場合のイメージ

課題解決プロセス

課題の 発見 何が課題? （What）	**2章** 課題の 絞り込み 分析 どこ? （Where、Who）	原因の 特定 なぜ? （Why）	対策の 立案と実行 何をする? （How）

売上が2022年から
減少している

0
1

Chapter
2

3
4
5
6
Ap

◉ あなたが置かれている状況

　あなたは、プリンターなどのOA機器レンタル会社のDX部署のデータ分析チームに配属されたデータサイエンティストです。会社は、プリンターや複合機のレンタル事業を売上の核に据えながら製品のサポートなども実施しています。そんな中、経営企画部門からデータ分析チームに「レンタル事業の売り上げが2022年から減少しており、これまで対策は打ったものの効果が出ていない状況。2021年の水準に売上を戻したいので急ぎ分析をしてほしい。」との依頼を受けました。どうやら経営企画部門はこれまでは有識者の経験をベースに対策を進めたものの効果が出ておらず、どこに手を打つべきか悩んでいるようです。問題として競合他社の動向などの外的要因も考えられますが、まずは社内の内的要因について確認したい意向でした。そこで、先輩にアドバイスを受けながらも、「売上を2021年の水準に戻す」というテーマで自分なりに分析を進めていくことになりました。売上回復に向けて、まずは「特にどこで売上が2021年より減少しているのか」を明らかにしていきましょう。

◆ 先輩からのアドバイス

　実際の分析プロジェクトでは今回取り組む課題のように「売上が減少しているので何とかできないか」といったような、粗い粒度の課題として分析依頼が来るケースが多くあります。ただ、この粗い粒度の課題のままではどこに対策を打つべきなのか考えることは難しいため、そのような依頼を受けた場合は特にどこが課題なのか絞り込んでいくことがまずは重要です。

　課題を整理するにあたっては、コンサルタントなどがよく利用する課題整理のためのフレームワークがありそちらを利用することが効果的です。代表的なフレームワークとしては下記のようなものがあります。

- ロジックツリー（要素分解ツリーなど）
- マトリクス（PPM、SWOTなど）
- ファネル（AIDMA、AISASなど）

　その中から今回は**ロジックツリー**を利用していきます。ロジックツリーの中でも課題を整理する場合によく利用するのが**要素分解ツリー**です。こちらを利用することで課題の要素を分解して全体像をつかみながら特に影響が大きい要素はどこなのかを効率的に確認していくことが可能になります。このあと要素分解ツリーで適宜分析結果を可視化しながら「特にどこで売上が2021年から2022年にかけて減少しているのか」を明らかにしていきましょう。

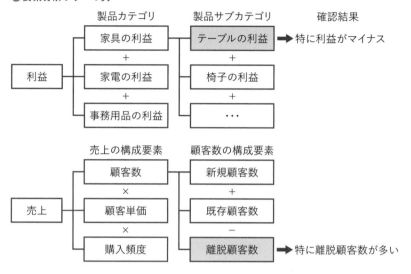

▼要素分解ツリーの例

製品カテゴリ	製品サブカテゴリ	確認結果

利益
家具の利益
＋
家電の利益
＋
事務用品の利益

テーブルの利益 → 特に利益がマイナス
＋
椅子の利益
＋
・・・

売上の構成要素　　　顧客数の構成要素

売上
顧客数
×
顧客単価
×
購入頻度

新規顧客数

既存顧客数
－
離脱顧客数 → 特に離脱顧客数が多い

また、1章の後半でも解説した通り、実際の分析プロジェクトでは「とりあえずデータを可視化してみる」というアプローチでは非効率的で時間がかかることが多いため、まずは仮説を整理した上でデータ分析を通じて検証を進める仮説検証型のアプローチから始め、その中で興味深いインサイトなどがみつかれば、その観点で仮説探索型のアプローチでデータから探索的に深掘り分析するようなハイブリッドなアプローチが一般的です。そのため、今回の分析でも同様のアプローチで分析を進めていきましょう。

なお、上記の文章の中で「興味深いインサイト」と記載しましたが、分析から人が興味深いと感じるインサイトを導出するためにはどうしたらいいのでしょうか。2章以降の分析を進める前に、いくつかのポイントについて簡単に頭に入れておきましょう。

1つ目のポイントは「比較」を意識的に行うことです。データを可視化することで定量的に状況を把握することができますが、ただ漠然と可視化された数値を眺めるだけではなかなかアクションにつながりません。例えば売上を単体で可視化するだけでなく売上目標値と比較することで、目標との差を定量的に確認することができ、アクションが必要かの判断につなげることが可

能になります。また、仮説を検証した結果、仮説とは異なる結果が出た場合はなぜかを深掘り分析することで未知のインサイトを得ることができる可能性があります。

　2つ目のポイントは、人が最終的に分析から得たい観点を意識しながら分析を進めることです。具体的には以下の3つの観点を意識しながら分析を進めるのが効果的です。

- ◆①**大小関係がないか**：売上減少について内訳を確認するとある部署が大きく売上減少している、等
- ◆②**変化がないか**：あるソリューションの顧客数は2021年まで横ばいだが、2022年から急激に増加している、等
- ◆③**パターンがないか**：A商品とB商品は一緒に購入されているケースが多い、等

🔻仮説検証型と仮説探索型のポイント

仮説検証型

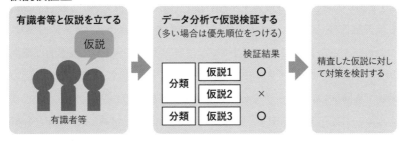

メリット
・有識者の経験等を踏まえた確度の高い仮説から効率的に検証を進めることができる

デメリット
・有識者の経験や主観が強く反映され仮説を見落とす可能性がある

仮説探索型

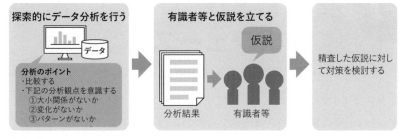

探索的にデータ分析を行う

分析のポイント
・比較する
・下記の分析観点を意識する
　①大小関係がないか
　②変化がないか
　③パターンがないか

有識者等と仮説を立てる

仮説

分析結果　　有識者等

精査した仮説に対して対策を検討する

メリット
・データという客観的な観点から新しい仮説が見つかる可能性がある

デメリット
・探索的に分析するため時間がかかる

　分析結果としては、仮説と異なる（経験と勘と異なる）分析結果が出る場合と、仮説通りの（感覚的に把握していた）分析結果が出る場合に分かれますが、特に価値を感じてもらいやすい分析結果は前者です。意図的にそのような分析結果を得ることはなかなか難しいですが、有識者の仮説を踏まえつつ少し幅広に分析をしてみたり、分析しながら「何か違和感があるな」と思うような分析結果が出てきた場合にはその点を詳しく分析してみることで、興味深い分析結果を得ることができる場合があります。ただし、実際には多くの分析結果は後者の経験と勘を裏付ける分析結果になりますが、それも重要なインサイトです。感覚的に感じていた傾向をデータ分析で裏付けることで、他者に説明する際も定量的な根拠や自信を持って説明することができるからです。

　分析はあくまで課題解決の手段であり、課題解決に向けた対策に貢献していくことが大事です。データ分析を進めるなかで「この分析から何を得たいのか」迷子になってしまうこともありますが、これらのポイントを頭の片隅に入れて適宜思い出しながら分析を進めていくのが良いでしょう。

Section 2-1 分析の目的や課題を整理しよう <分析フェーズ1>

Business Intelligence Tools

　それでは、さっそく進めていきましょう。まずは2章では「課題の絞り込み」を行っていきます。序章でも説明したように、分析プロセスの流れは、①分析目的や課題の整理、②分析デザイン、③データ収集・加工、④データ分析、⑤分析結果の活用、という流れで進めていきます。

　ということでまずは分析の目的を考えていきます。

　まず分析の目的を改めて確認するために、あるべき姿と現状を整理してみましょう。

▶ 現状とあるべき姿

あるべき姿と現状を、下記のように整理してみました。

- あるべき姿（最終ゴール）：レンタル事業の売り上げが2021年の水準に回復する。
- 現状：レンタル事業の売り上げが2022年から減少しているが、どこに手を打つべきか不明。

　分析目的はこのあるべき姿と現状のギャップを埋めることですが、今のままですと現状が不明確であり、あるべき姿と現状のギャップが大きすぎるため一足飛びに解決は難しく、まずは売上減少について特に影響を与えている要素は何かを確認することが第一歩となりそうです。そこで今回は「売上減少への影響が大きい要素を明らかにする」ことを分析目的とし、2021年から2022年で特にどの要素で売上減少が発生しているかをデータ分析で確認していきたいと思います。

　このように分析の目的は最初から大きく考えすぎなくて大丈夫です。もちろんデータ分析の最終的なゴールはデータ分析を通じて何かしらの施策を実施し改善することですが、最初から施策ありきで分析を進めてしまうと見るべきものが見えにくくなってしまいます。まずは特に影響が大きい要素はどこか（課題の絞り込み）を考え、次になぜその要素で特に問題が発生しているのか（原因の特定）を考える、といったように段階的に課題を深掘りしていく意識を持ちましょう。

分析のデザインをしよう
＜分析フェーズ2＞

Business Intelligence Tools

　分析の目的が整理できたら、次はどのような分析を進めていくか幾つかの観点で検討して、分析のデザインを進めていきましょう。

　序章でも触れましたが分析デザインは、どのような分析を、どのようなデータや、分析手法・分析ツールを使って、どのような条件・スケジュール・コストで分析し、どのような成果物で提供するのか、という点を考えて整理していく作業です。

　まずは分析内容や分析手法を整理していきましょう。

▶分析内容や分析手法の整理

　冒頭で触れたように、「とりあえずデータを可視化してみる」というアプローチでは非効率的で時間がかかってしまうため、まずは分析を進めるにあたり分析依頼者や営業担当者などの有識者に思い当たる点や考えられる仮説がないかをヒアリングします。また、もし既に実施した分析内容があれば今後の分析の参考になりますし、同じ分析をしても意味がないため、あわせて確認するようにします。

　有識者に売上減少について考えられる仮説についてヒアリングしたところ下記の回答がありました。

- プリンターと複合機では複合機の引き合いが多い印象。プリンターが特に減少しているのではないか。
- うちで扱っている高額製品の評判があまり良くないと聞いたのでそれが原因で売上が落ちているのではないか。
- 顧客の新規獲得が伸び悩んでいるのではないか。

まずは以上の点を中心に売上の状況を確認していくことにします。

分析手法としてはPythonなどで分析することも考えられますが、今回は1章で操作を学んだTableauを利用してデータを可視化し、分析を進めていくことにします。

▶分析条件の整理

さらに、分析を進めるにあたって、分析スコープや指標の定義などについて条件を整理しておかないと、データの範囲が決められなかったり、定義の違いによって分析結果で混乱を招くことがあります。例えば、新規顧客の定義が2022年に加わった顧客のみを新規顧客とするのか、それとも2021年に加わった顧客も含めるのかによって集計した結果は大きく異なります。細かい部分は、分析を進めながら詰めていくので問題ありませんが、なるべく想定できるものは詰めておくと手戻りがなくて良いでしょう。

今回は分析依頼主の経営企画部と調整した結果、以下の分析条件で進めることにしました。

- 売上減少は2021年から2022年にかけての売上減少を確認する
- 新規顧客は各顧客について初回契約のあった年は新規顧客として集計する

ここまで進んでくると使用すべきデータが見えてくるので、次にデータの整理を行いましょう。

▶必要なデータの整理

今回のケースでは有識者ヒアリングから売上情報について製品情報（プリンターと複合機など）での分析や、顧客属性（新規顧客かどうかなど）での分析が必要になりそうです。また、データの種類に加えて期間も重要です。もちろんデータの期間はあるに越したことはありませんが、データ量が大量にな

るとそれはそれでデータを扱う技術も必要になりますし、本来見たいものにフォーカスできない可能性もあります。今回は過去の分析を調べたところ、以前に先輩社員が2021年以前の売上分析を実施したことがあり、分析結果として右肩上がりで順調であったことが分かりました。そのため、2021年から2022年で売上が下がっていると考えられます。そこで今回は2021年1月〜2022年12月までのデータに絞って準備することにしました。

　必要なデータが整理できたら、データ取得の調整を進めていきます。会社として重要なデータになるほどデータ取得の目的や必要性を整理して丁寧に説明する必要があるなど、データ取得に時間がかかる点は留意する必要があります。またデータだけでなくデータ定義書やER図なども入手可能であれば入手できるとデータ構造の理解が進みます。

　今回は分析依頼主である経営企画部門経由でシステム管理部門に依頼したところ、関連するデータとして下記のテーブルがあり、そちらであればすぐに提供可能との回答がありました。今回はこちらのテーブルを利用して分析を進めていきます。

- 売上テーブル：どの顧客および契約で、いつ、いくらの売上があったかなどを管理
- 契約テーブル：どの顧客がどの製品を契約しているか、契約開始・終了日はいつかなどを管理
- 顧客テーブル：各顧客の初回契約日や担当する社員ID、直近の顧客満足度などを管理
- 製品テーブル：レンタルしているOA機器の製品カテゴリや製品名などを管理
- 社員テーブル：自社の社員の社員IDや社員名、役職を管理

▶ 分析成果物の整理

　続いて、分析の成果物を決めていきます。分析成果物は、分析依頼主に最終的にどのようなものを分析成果物として提示するのかを整理します。

　今回は依頼主の経営企画部と調整した結果、売上減少についてどこに手を打つべきかの分析結果や考察をまとめて10枚程度のレポート形式で提出することにしました。

▶ その他（体制／スケジュール／コストなど）

　そのほかに分析を始める前に調整が必要な点として下記のような点があります。プロジェクトマネジメントに近い領域のため本書では簡単な説明にとどめます。

◆ **体制**

　データ分析はあくまで課題解決の手段のため、データ分析だけでビジネス課題解決ができるかというとそうではありません。ビジネス課題の解決のためにはやはり該当のビジネス課題を主管するビジネス部門の協力が必要不可欠です。例えば、非常に優れたデータ分析結果や予測モデル構築などができたとしても、相対するビジネス部門が乗り気でなければ課題解決は進みません。また、意味のあるデータ分析を進めるには、データの理解や、分析結果についてビジネス観点でレビューを受けることがとても重要です。データ分析を進める中でのレビュー等の協力や、分析結果を踏まえたアクションなど、データ分析部門とビジネス部門の役割をあらかじめ整理して合意しておくとスムーズに分析を進めることができます。

◆ **スケジュール/コスト**

データ分析は実施しようと思えばデータや手法を変えながらいくらでも分析することができてしまいますが、現実的には「いつまでに分析結果が欲しい」という分析依頼主からの納期が存在します。その納期に間に合わせるために、データ分析のスコープ調整や各タスク（データ準備、データ分析、レビュー日程（中間、最終等）など）をスケジュールとして整理するとともに、必要なコストがある場合は整理して、ステークホルダーと調整・合意をしておくことが必要です。

データの収集・加工をしよう
<分析フェーズ3>

Business Intelligence Tools

どのような方針で分析を進めていくかなど分析デザインが整理できたら、分析フェーズは次に進みます。

分析フェーズ3ではデータ収集と加工をしていきます。

2章以降で利用するデータは、下記の秀和システムのサポートページに掲載されています。こちらのURLにアクセスをしてデータをダウンロードしてください。なお、各章で作成するワークブック例も確認用として掲載していますので適宜ご活用ください。

◆ 本書サポートページ

https://www.shuwasystem.co.jp/support/7980html/7019.html

それでは1章でも実施したように、まずはデータの構造を見ていきましょう。ダウンロードした後に、各csvデータを開くと下記のようになっています。

▶使用するデータの確認

🔻売上テーブル

	A	B	C	D	E
1	売上ID	顧客ID	契約ID	売上日	売上
2	S-1000072	C-1000222	N-1002716	2021/1/1	6000
3	S-1000073	C-1000458	N-1000683	2021/1/1	50000
4	S-1000074	C-1000599	N-1001044	2021/1/1	10000
5	S-1000075	C-1000599	N-1001042	2021/1/1	10000
6	S-1000076	C-1000599	N-1001041	2021/1/1	10000
7	S-1000077	C-1000532	N-1001040	2021/1/1	15000
8	S-1000078	C-1000792	N-1002626	2021/1/1	9000
9	S-1000079	C-1000458	N-1000684	2021/1/1	50000
10	S-1000080	C-1001095	N-1002625	2021/1/1	30000

🔽 契約テーブル

	A	B	C	D	E	F	G
1	契約ID	顧客ID	製品ID	製品シリアルN	契約金額(月額	契約開始日	契約終了日
2	N-1000000	C-1000007	P-1000009	PD000000	21000	2015/1/9	2023/12/9
3	N-1000001	C-1000007	P-1000009	PD000001	21000	2015/1/9	2022/8/9
4	N-1000002	C-1000007	P-1000009	PD000002	21000	2015/1/9	2022/11/9
5	N-1000003	C-1000008	P-1000002	MB000000	15000	2015/1/15	2021/12/15
6	N-1000004	C-1000008	P-1000006	PA000000	6000	2015/1/15	2023/7/15
7	N-1000005	C-1000010	P-1000007	PB000000	9000	2015/1/19	2023/9/19
8	N-1000006	C-1000010	P-1000007	PB000001	9000	2015/1/19	2023/9/19
9	N-1000007	C-1000009	P-1000002	MB000001	15000	2015/1/19	2023/3/19
10	N-1000008	C-1000009	P-1000002	MB000002	15000	2015/1/19	2023/3/19

🔽 顧客テーブル

	A	B	C	D	E	F	G	H	I
1	顧客ID	顧客区分	顧客名	地域	都道府県	市区町村	初回契約日	社員ID	顧客満足度
2	C-1000007	企業規模小	株式会社鈴木工業	関東地方	東京都	台東区	2015/1/9	101782	3
3	C-1000008	その他	株式会社中村工業	四国	徳島県	徳島市	2015/1/15	100726	3
4	C-1000009	企業規模中	大和屋根工事合同会社	関西地方	三重県	津市	2015/1/19	101305	2
5	C-1000010	企業規模大	株式会社ユタカ	関東地方	千葉県	松戸市	2015/1/19	107576	5
6	C-1000011	企業規模中	合資会社橋本商店	関東地方	東京都	大田区	2015/1/21	103152	1
7	C-1000019	企業規模小	株式会社タカヤマ	関東地方	神奈川県	横浜市金沢区	2015/2/5	101927	2
8	C-1000021	企業規模小	株式会社山田屋	北海道	北海道	枝幸郡浜頓別	2015/2/6	103469	1
9	C-1000022	企業規模大	株式会社アークス	関東地方	東京都	狛江市	2015/2/6	106938	5
10	C-1000027	企業規模中	合同会社あすなろ	関東地方	東京都	世田谷区	2015/2/16	105689	4

🔽 製品テーブル

	A	B	C	D	E
1	製品ID	製品カテゴリ	メーカー名	製品名	料金
2	P-1000001	複合機	メーカーA	A-MA01A	10000
3	P-1000002	複合機	メーカーB	UAA01-ZA	15000
4	P-1000003	複合機	メーカーA	A-MA03Y	30000
5	P-1000004	複合機	メーカーA	A-MA06Custom	50000
6	P-1000005	複合機	メーカーA	A-MD08U	80000
7	P-1000006	プリンター	メーカーA	A-PA01C	6000
8	P-1000007	プリンター	メーカーA	A-PA02B	9000
9	P-1000008	プリンター	メーカーC	OA1-UZ	13000
10	P-1000009	プリンター	メーカーA	A-PA06C	21000
11	P-1000010	プリンター	メーカーA	A-PA08T	29000

🔽 社員テーブル

	A	B	C
1	社員ID	社員名	役職
2	100002	山崎 俊之	社員
3	100095	谷 麻美	主任
4	100118	小岩 聖子	課長
5	100173	鈴木 哲宏	主任
6	100324	荻野 貴之	主任
7	100352	中島 諒	社員
8	100376	黒河 修	社員
9	100446	山本 公輔	主任
10	100516	中林 寿樹	課長代理

　データを加工していく際にはデータの細かさがどうなっているのか、結合させるためのキーは何かを押さえていくのが重要です。例えば、売上データは契約/顧客ごとに毎月売上が記録されているデータです。一方で契約テーブルは、誰が（顧客ID）、どんな契約（契約ID）をしたのかを示すデータとなっており、契約テーブルをもとに、契約終了日まで毎月売上が計上される形式になっています。顧客、製品、社員テーブルは、それぞれのIDごとに、顧客情報、製品情報、社員情報を保持しているデータです。

　つまり、売上テーブルが最もデータの粒度が細かくなっており、今回は売上の状況を確認するため、売上テーブルを軸として、他のテーブルを左結合していけば問題なさそうです。

▶データ読み込みと加工

　それではTableauにデータを読み込んで、データ結合をしてみましょう。

　まずはTableau Publicを開いて、左のタブの中からテキストファイルを選択します。

　そうすると、サブウインドウが開くので、あらかじめ秀和システムのサポートページからダウンロードしておいたサンプルデータのフォルダを指定して、売上テーブル.csvを選択します。

▼売上テーブルの読み込み

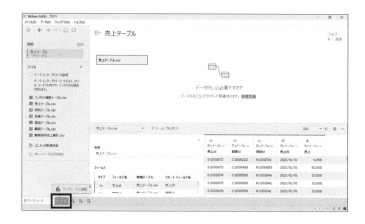

売上テーブルの中身が表示されて、データが読み込めたのが確認できます。

これで、売上テーブルの読み込みは完了です。

ここで、基準となる売上テーブルのデータ件数を確認しておきましょう。1章を思い出しながら進めていきましょう。

まずは、左下のシート1をクリックして新規ワークシートを開きます。

新規ワークシートが開いたら、「売上テーブル.csv（カウント）」をマークカードのテキストにドラッグ&ドロップします。

▼ 売上テーブルのデータ件数

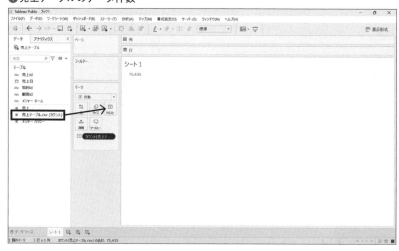

　売上テーブルのデータ件数が75,435件であることが確認できます。まずは基準となる数字を押さえることができました。

　では続いて、契約テーブルを結合していきます。結合するために、左下のデータソースをクリックしてデータを読み込む画面に戻った後、売上テーブル.csvの枠をダブルクリックします。

●売上テーブルのダブルクリック

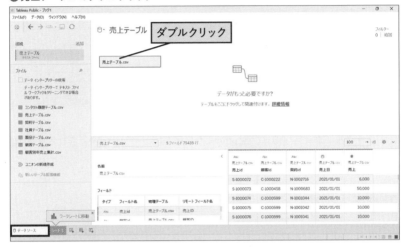

　ダブルクリックした後に、左側にある契約テーブル.csvを中央の領域にドラッグ＆ドロップします。

●契約テーブルのドラッグ＆ドロップ

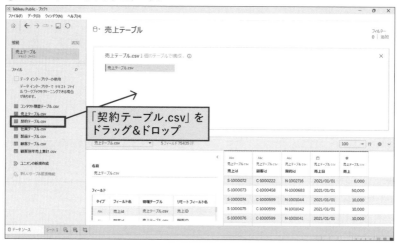

ドラッグ＆ドロップすると、次図のように契約テーブルが結合されるのが確認できます。

●契約テーブルの結合

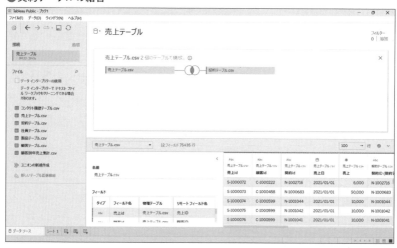

ここまでで結合はできましたが、今回は左結合する必要があるのと、どんな結合キーで結合されているかを確認する必要があります。結合条件は中央の丸い部分をクリックすると変更することができますのでやってみましょう。

● 結合方法の確認および変更

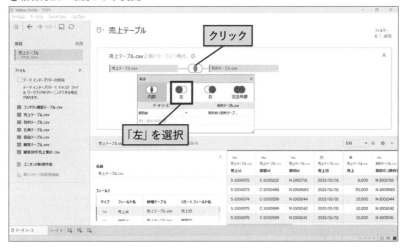

　初期では内部結合になっているので、左を選択して左結合に変更します。結合キーは契約IDとなっているので、契約IDが一致しているデータ同士が結合されます。変更が完了したら×をクリックして結合条件のウインドウを閉じましょう。

　なお、元のcsvデータでは「契約ID」など大文字のIDだったものが、Tableauにデータを取り込んだ後に「契約id」など小文字のidに変換されている項目が一部あることが分かると思います。こちらはTableauがIDなど特定の文字を含む項目がある場合は表記ゆれを防ぐ目的で自動で項目名を変更してくれています。項目の表記ゆれを減らすという意味では便利な場合もありますが、一部変更されていない項目があるなど少し分かりにくい場合もあります。もし元データの表示名に直したい場合は該当の項目を選択し、オプションから「名前のリセット」を選択すると元データの表示名に直すことができます。本書では「名前のリセット」はせずにTableauが自動変換した項目名で利用しますが、Tableauのバージョン等により自動変換の仕様が変わる可能性があります。ただ、読み進める上で迷うほどの自動変換はされませんので、idとIDなどは適宜読み替えて読み進めていただければと思います。

▼結合方法の変更結果

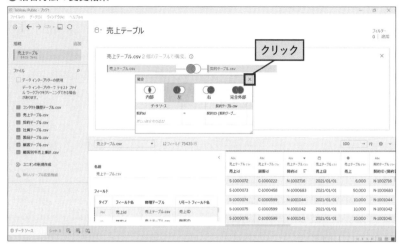

これで先ほどまで内部結合だったものが左結合に変更されました。実際に、契約テーブル.csvの契約IDが右下端に見えているのが確認できます。横にスクロールしていくと他の契約テーブル.csvの情報も結合できているのが確認できるので見てみると良いでしょう。

なお加工に関しての細かい話はあまり説明しませんが、**左結合**というのは今回の「売上テーブル」データをもとに「契約テーブル」データが付与されるため、もし「売上テーブル」データの「契約ID」列が欠損していた場合は、データが付与できないので「契約テーブル」データに含まれているデータ列は欠損した状態になります。一方**内部結合**の場合は、当たらなかったデータは消えてしまいます。今回は「売上テーブル」データをもとにしたいので左結合としています。**右結合**は逆に「契約テーブル」データを主としたい場合となります。また**完全外部結合**は、どちらのデータに欠損があったとしてもデータが消えることはなく、お互いのデータが必ず残ります。結合はやりたいことに合わせて選択していくことが重要です。いろいろ試してみるのが良いと思いますが、必ずデータの確認を行うようにする癖は付けると良いでしょう。今回は、全て結合した後に確認していきます。なお、参考としてデータ結合の種類に関する説明の図も掲載しておきます。こちらで各結合のイメージをつかんでいただければと思います。

● データ結合の種類

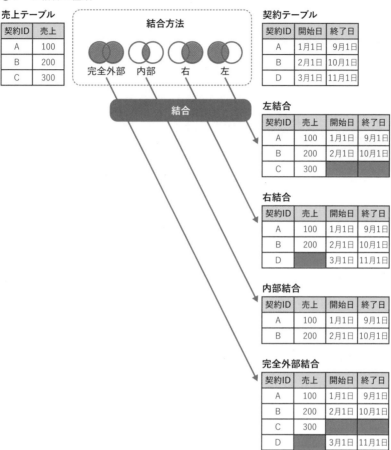

では、続いて顧客、製品、社員テーブルを結合していきます。手順は先ほどと全く同じです。全て左結合で結合し、顧客テーブルは顧客IDで、製品テーブルは製品IDで、社員テーブルは社員IDをキーにして結合していきます。

まずは、顧客テーブルを結合していきます。先ほどと同様に左側から顧客テーブル.csvを選択して中央部分にドラッグ＆ドロップします。

● 顧客テーブルのドラッグ＆ドロップ

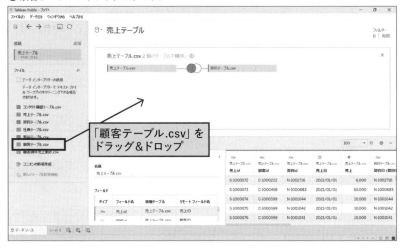

　ドラッグ＆ドロップした後は、結合方法の確認です。売上テーブルと顧客テーブルが結合されている部分をクリックして、左結合に変更すると同時に結合キーが顧客IDであることを確認しましょう。

● 顧客テーブル結合方法の確認および変更

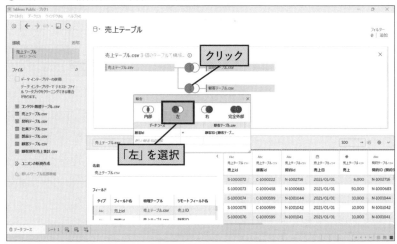

これで顧客テーブルも結合完了です。同じように製品テーブルを結合します。

製品テーブルをドラッグ＆ドロップした後に、結合部分をクリックして左結合に変更するとともに、製品IDで結合されているかを確認します。

◆製品テーブルの結合

ここで、一点注意が必要なのが、図を見て分かるように、製品テーブルは契約テーブルと結合されています。それは、売上テーブル自体には製品IDは含まれておらず、契約テーブルを介して製品情報を付与するようなデータ構造になっているからです。売上テーブルのような購買系データはデータ数も多くなることによるシステムの付加をなるべく減らすために、無駄な情報を極力持たない状態となっていることが多いです。人間が分析をするためのデータではなくシステム的に使いやすいデータとなっているため、今回のように分析をするためにはデータを横に結合していくようなデータ加工が必要となってくるのです。

では、最後に社員テーブルも結合しましょう。先ほどデータを確認したみなさんは想像できるかもしれませんが、社員IDは顧客テーブルが持っているので、顧客テーブルと社員テーブルが結合されるはずです。ではやってみましょう。

　左側から社員テーブルをドラッグ＆ドロップします。ドラッグ＆ドロップしたら結合部分をクリックして、左結合に変更する作業を行います。社員IDで結合されていることもしっかり確認してください。

●社員テーブルの結合

　想定通り、顧客テーブルと社員テーブルが結合されていますね。先ほどの繰り返しになりますが、売上テーブルに対して、顧客テーブルが結合され、その顧客IDに紐づく形で、担当している社員が紐づきます。これで、結合作業は完了です。

　では、最後に、結合した結果が正しいか、データのレコード数を確認しましょう。左下の「シート1」を選択して、先ほど作成したシート1を開いてみてください。

●結合後のデータ件数

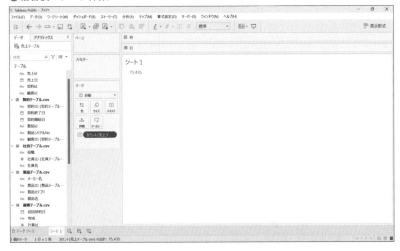

　結合後のデータ件数を確認すると、75,435件となっており、結合前と全く同じです。これは結合前後で売上データが増えていないことを意味します。データ結合をした際に意図せずデータ件数が2倍になり、売上が2倍で集計されてしまうようなリスクも秘めていますが、今回は問題ないようですね。

▶データ欠損や代表値を把握しよう

　結合に問題がないのを確認した後は、データ項目に欠損値(Null)がないかや、メジャー項目の最大値・最小値などの代表値などを押さえていく必要があります。Pythonだとdescribe関数などを利用すると比較的簡単に確認することができますが、Tablcauでも少し手間ですが確認することが可能なので、代表的なものだけ確認してみましょう。

　まずはNullの確認です。新しいシートを作成してメジャーバリューをテキストに入れます。

▼欠損値の確認①

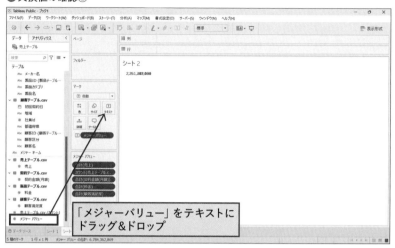

このままだとメジャーのみしか確認できませんが、ここで欠損を確認したいディメンションを追加します。ここでは、例として社員IDの欠損を確認してみましょう。社員IDをメジャーバリューの中にドラッグ＆ドロップします。もし、次図のような警告画面が出た場合は、「すべての要素を追加」をクリックしてください。

▼欠損値の確認②

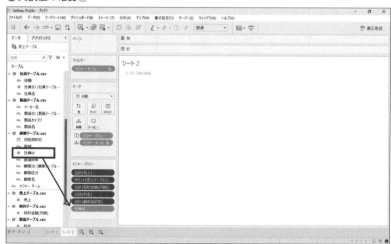

最初は追加した社員IDなどが赤くなりますが気にしなくて大丈夫です。続いて、メジャーバリューにある社員IDを右クリックして、「メジャー」→「カウント」を選択します。

● 欠損値の確認③

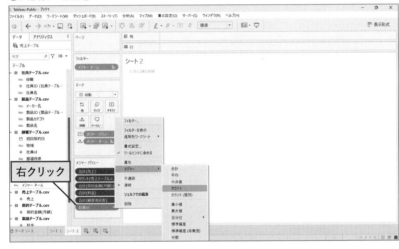

社員IDをカウントに変更するとひとまず赤色ではなくなります。続いて、マークカードの中にあるメジャーネームを行に移動させます。

▼欠損値の確認④

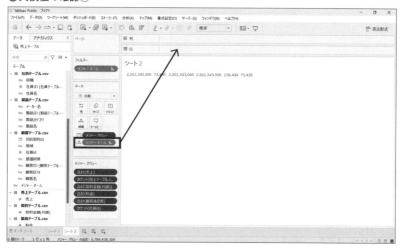

その結果、表形式で確認できるようになります。さてあと1歩です。売上など
のメジャーが合計になっているので、合計になっている項目を右クリックして
「メジャー」→「カウント」を選択します。全て同様の操作でカウントに変更しま
しょう。

▼欠損値の確認⑤

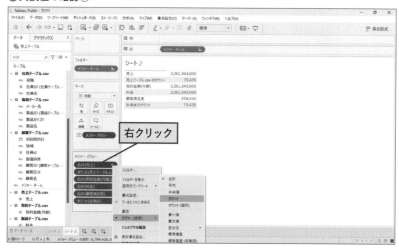

全て変更すると次図のように各項目に対して件数が表示されます。

▼ 欠損値の確認⑥

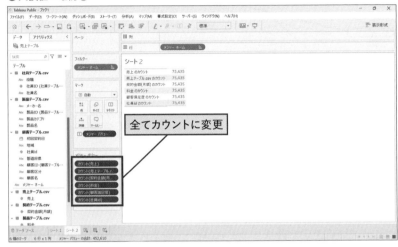

今回は、欠損値がないため、全て同じ件数となっていることが確認できますね。

少し面倒ではありますが、他の項目も同様に追加することで確認できるので覚えておきましょう。

続いて、最大値や最小値などの代表値を確認していきます。ここまでに、集計方法を変更する手段は紹介したので、1つ1つすべてのメジャーに対して集計方法を変えて確認することも可能ですが、Tableauにはサマリ機能というものがあり、そちらでも確認可能ですのでトライしてみましょう。

まずは新しいシートを追加したあとに、行に売上ID、列にメジャーネーム、マークカードのテキストにメジャーバリューを入れてください。先ほどと同様に警告画面が出た場合は「すべての要素を追加」で大丈夫です。

代表値の確認①

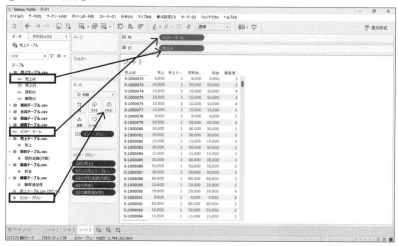

　表形式の可視化が作成できます。続いて右上の表示形式をクリックして、表示されたグラフ候補の中から箱ひげ図を選びます。

代表値の確認②

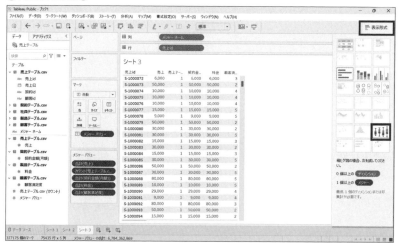

　箱ひげ図が表示されたら、グラフが表示される領域の適当な空白箇所で右クリックをして、サマリーをクリックします。

●代表値の確認③

その結果、右側にサマリーカードが表示されます。なお、先ほど箱ひげ図作成で利用した表示形式が閉じられていない場合は、サマリーカードの表示が隠れていることがあります。右上の表示形式をもう一度クリックすると閉じることができますので、クリックして閉じておきましょう。

●代表値の確認④

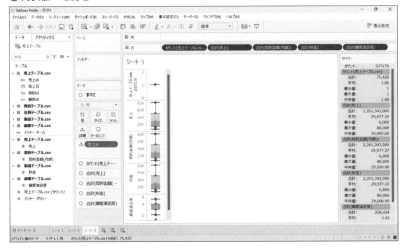

　契約金額と売上と料金が一致していますが、これは契約時の契約金額は製品テーブルの料金から算出され、それをもとに毎月の売上として売上テーブルに計上されるためです。今回は売上テーブルの単位でデータが構成されているので、売上も契約金額も料金も全て同じ値になります。もし割引などがある場合は、製品テーブルにある料金とは一致しないケースもありますが、今回はシンプルに割引などはないデータとして準備してあるので一致しています。

　これらの数字を押さえることで、例えば仮に1か月分の売上テーブルに対して300件のデータがあった場合に、1日あたり10件程度の購買があるのではないか、さらに1年で3,600件程度のデータ量になるだろうと考えることができますね。他にも1データ当たりの売上（売上の平均）が10,000円程度だということが分かれば、1カ月の売上は3,000,000円程度であることが考えられます。他人が集計した売上月次レポートでは3,000,000円程度なのにも関わらず、自分がデータ集計した際に全然違う値であった場合、何かがおかしいと気づくことができ、データの不備がないかの確認ができます。

　さらに、購買数は1日10件であるということを頭に入れておくことで、例えば日曜の平均購買件数2件というデータがあった場合に日曜はベースラインよりも低い購買数であるということに気づくことができるようになります。データ加工に不備がないかの確認と代表的な数字を押さえてこの後の可視化で知見を得やすくするという2つに対して効果があるのでしっかりと代表値を押さえる癖をつけましょう。

　データの確認が終わりましたらこれまで作成したワークブックを保存しておきましょう。保存をする手順は1章と同じ手順です。左上の「ファイル」から「Tableau Publicに保存」をクリックして、ファイル名を入力して保存してください。認証画面が出た場合は、登録時に設定したパスワード等を入力しましょう。ここでは「Chap2-DataAnalytics Book」として保存しました。この後もグラフを作成したタイミングなどで適宜保存しておくようにしましょう。

データ分析を進めよう
＜分析フェーズ4＞

Business Intelligence Tools

それではTableauにデータを読み込むことができましたので、いよいよ分析を進めていききます。繰り返しになりますが「とりあえずデータを可視化してみる」というアプローチでは非効率でありなかなか目標とする知見を得ることが難しい場合が多いです。そのため、仮説に基づいた分析が重要になるのです。仮説に関しては、ヒアリングを通じて3つの仮説が整理できましたので、まずはこちらの仮説検証を進めていきましょう。

- プリンターと複合機では複合機の引き合いが多い印象。プリンターが特に減少しているのではないか。
- うちで扱っている高額製品の評判があまり良くないと聞いたのでそれが原因で売上が落ちているのではないか。
- 顧客の新規獲得が伸び悩んでいるのではないか。

▶仮説に基づいてグラフを作成して仮説を 検証してみよう

ではこの仮説を検証するためにどのようなグラフを作成していく必要があるか考えてみましょう。この仮説を検証する前にまずは本当に売上が最近減少しているのかなど売上減少の傾向を把握するために、売上の時系列推移グラフを作成していきます。当たり前のこともなるべくデータで可視化して確認することを忘れないでください。次に仮説の1つであるプリンターと複合機を比較していくために売上×製品カテゴリを確認していきます。さらに、2つ目の仮説では特定の製品に問題がある可能性があるので製品IDごとの傾向を把握するために、売上×製品IDを押さえていきます。最後に、新規顧客の伸び悩みを確認するために売上×顧客属性（新規orその他）を見ていきま

しょう。

　では、まずは売上の時系列推移を確認して売上の傾向を押さえていきましょう。新しいシートを作成し、列に売上日、行に売上を入れください。そうすると年毎の折れ線グラフが表示されるのが確認できます。このままでも良いのですが、少し見やすくするために月ごとの表示に変更します。列にある年の横の＋マークをクリックしましょう。クリックすると四半期が追加されます。その後、四半期を右クリックして月を選択することで、表示の粒度を四半期から月に変更することができます。

▼売上の時系列推移グラフの作成①

▼売上の時系列推移グラフの作成②

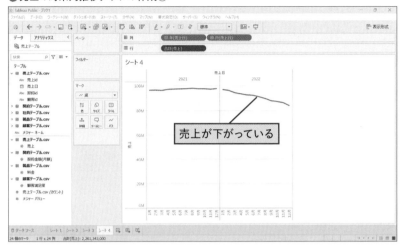

　これを見ると、2022年の頭から売上が下がっているのを確認できます。ど
うやら、2021年から2022年に変わるあたりで何か問題が起きているように
思われます。作成したシートのシート名を「売上の傾向」に変更してから次の
グラフを作成していきましょう。シート名の変更は、下段にあるシート名の中
で変更したいシート名（今回はシート4）の上で右クリックして、名前の変更
ですね。

◆1つ目の仮説の検証

　売上減少の傾向をデータからも確認できたところで、さっそく3つの仮説
の検証に移っていきます。まずは、下記仮説であるプリンターの売上減少が
本当に多いのかを確認していきます。

  ◆ プリンターと複合機では複合機の引き合いが多い印象。プリンターが
    特に減少しているのではないか。

　先ほどのグラフを活かして考えると、プリンターと複合機の時系列グラフを
作成して複合機よりもプリンターが大きく下がっていたら仮説の裏付けができ
るわけです。そこで、「売上の傾向」シートを複製して、製品カテゴリ別のグ

ラフを作っていきましょう。まずは、左下にある先ほどシート名を変更した「売上の傾向」のところで右クリックをして、複製をクリックしてください。

🔻シートの複製

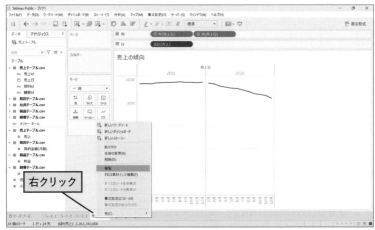

その結果、新たに「売上の傾向 (2)」というシートが複製されます。ではこのシートの「製品カテゴリ」をマークカードの「色」に入れてみてください。また、少し比較しやすくするためにマークカードの上部にあるグラフの種類を選択するプルダウンから「棒」を選択して棒グラフへ変更します。

🔻製品カテゴリ別売上グラフ

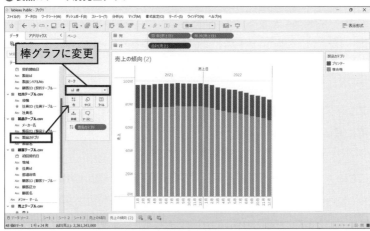

　これを見ると、プリンターよりも複合機の方が売上は高いことが確認できますが、時系列で特段プリンターが大きく下がっているようには見えません。もう少し分かりやすくするために売上の構成比で見ていきましょう。Tableauには「合計に対する割合」などを簡単に計算できる「簡易表計算」という機能があります。今回は売上の構成比（売上の全体に対する割合）が知りたいので利用していきましょう。

　現在のシートの行に売上をもう1つドラッグ＆ドロップして追加します。そうすると同じグラフが下に作成されます。作成されたら、新たに追加した合計（売上）を右クリックして、簡易表計算から「合計に対する割合」を選択してください。

▼製品カテゴリ売上構成比①

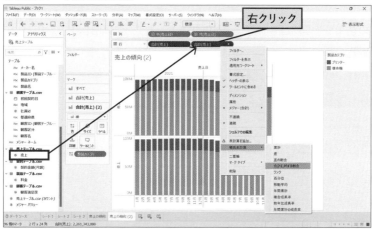

　ここまで操作してもグラフには変化がありません。これは合計に対する割合を集計する方向が現在は横方向になっているためです。今回はグラフの横方向ではなく下（縦）方向で合計に対する割合を集計したいため、再度、先ほど新たに追加した合計（売上）を右クリックして、「次を使用して計算」を選択して、表（下）をクリックします。

●製品カテゴリ売上構成比②

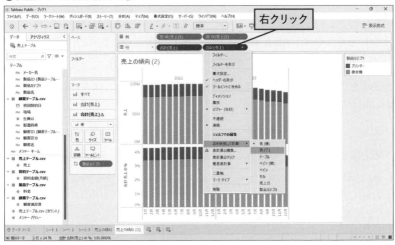

　その結果、次図のように縦軸が100%となった売上構成比のグラフが作成
できます。

　これは、「合計に対する割合」の計算の合計部分を下方向、つまりは月別
に集計した際の割合となります。

●製品カテゴリ売上構成比③

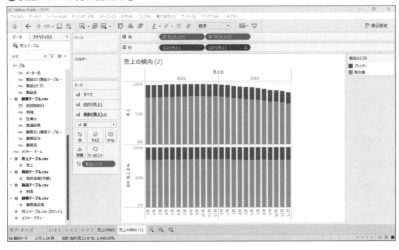

　この結果、特に時系列でプリンターと複合機の割合が大きく変化していることはなく、プリンターだけに問題があるというわけではなさそうです。つまり、仮説とは違った結果になっていますね。ここで忘れずにシート名を「製品カテゴリ別売上」に変更しておきましょう。

　ここまでで売上の時系列推移グラフから2022年の頭から売上が減少している事実を確認しました。その流れで製品カテゴリ別で売上の時系列推移を見ることで、プリンターと複合機の構成比に変化がないことを確認することで特定の製品カテゴリが下がっているわけではないことを確認してきました。これらは感覚的には構成比が変わらないということはわかりますが、もっと直接的に確認する方法はないのでしょうか。

　今回、2021年に比べて2022年の売上が下がっているということなのですが、その場合は売上前年比（2022年の売上/2021年の売上）を見ることで直接的な数字にすることができます。これで、売上前年比がプリンターは○○%で、複合機は○○%なのでほぼ変わらないという定量的な数字で確認ができます。そこで、ここからは売上前年比を集計して見ていきましょう。

　売上前年比は計算フィールドを作る必要がありますが、今回の場合は計算フィールドを3つ作成します。1つ目は2021年だけの売上、2つ目は2022年だけの売上で、それらの売上を割ることで3つ目の売上前年比の計算フィールドを作成していきます。なぜ2021年/2022年の売上を作る作業が必要なのかというと、Tableauは集計ソフトであり、このままでは2021年と2022年が区別できない状態で売上が集計されてしまいます。しかし、売上日が2021年のときは「売上」を、それ以外（2022年）の時は0にした計算フィールド（列）を追加しておけば、集計した際に2022年のものは0なので影響せず、2021年の売上だけが集計できます。少し分かりにくいかもしれませんが、まずは計算フィールドを作成してから確認してみましょう。

　計算フィールドの作成は覚えていますか。まずは「売上」の上で右クリックをして、「作成」「計算フィールド」の順番で選択します。

●売上(2021)の作成

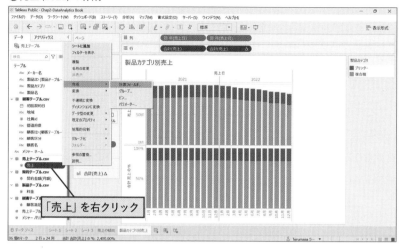

計算フィールドが開いたら、下記のように計算式を入れます。また名前を「売上(2021)」に設定しましょう。

```
IF YEAR([売上日])=2021 THEN [売上]
ELSE 0
END
```

●売上(2021)の計算式

　IF文でディメンション「売上日」の年部分が2021だった場合はそのまま「売上」を代入しますが、それ以外の場合は0が入るようにしています。

　続けて同じようにして売上(2022)の計算フィールドを作成してみましょう。「売上」の上で右クリックから「作成」「計算フィールド」の順番です。計算フィールドが出てきたら、次の計算式を入力してください。こちらの名前は「売上(2022)」にします。

```
IF YEAR([売上日])=2022 THEN [売上]
ELSE 0
END
```

▼売上(2022)の計算式

　これで計算式が作成できました。ではここで一旦、データを見てみましょう。

　左下にあるデータソースをクリックするとデータソース画面に遷移して、下図のようにデータの一覧が表示されます。まず、右側に「100 行」というデータの表示行数を指定する欄がありますが、その横にある矢印ボタン(「→」ボタン)を押して表示を更新します。次に下のバーを右側に適当に移動させて、「売上日」「売上(2021)」「売上(2022)」の数字を見ていきましょう。

● 売上（2021）と売上（2022）

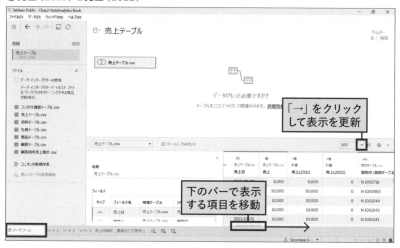

　データを見ると、売上日が2021年のものは「売上（2022）」が0となり、「売上（2021）」のところに「売上」と同じ数字が代入されています。図では見えませんが下にスクロールすると2022年のデータを確認できますが、売上が2022年のものは先ほどの逆で、「売上（2021）」が0で、「売上（2022）」に売上の数字が入ってきます。このようなデータになっていれば、集計した際に0が加算されるだけなので影響しません。

　ここまで出来たら、次は売上前年比を作成しましょう。シート「製品カテゴリ別売上」を選択してグラフを作成する画面に戻りましょう。計算フィールドの作成は、先ほどと同じように作成しますが、今回は「売上（2021）」で右クリックをして、「作成」「計算フィールド」の順番で選択します。計算フィールドが表示されたら下記を入力します。計算フィールドの名前は「売上前年比」にしておきましょう。

```
SUM([売上(2022)])/SUM([売上(2021)])
```

▼ 売上前年比の作成

　単純に［売上(2022)］/［売上(2021)］ではなくて、各売上をSUMで集計したあとに割り算をしています。これはTableauが集計ツールであることに関係しています。集計の順番としては、①各行で割り算をしたあとに集計する、②集計した結果を割り算をする、の2つのパターンがありますが、特に割り算を利用した集計計算を行う場合は①で計算してしまうと、例えば各行でパーセント計算した結果が合計されてしまうなど意図しない値になってしまいます。これはExcelなどでも同様です。

　もし①の集計の順番で計算したい場合は、SUM を使わずに［売上(2022)］/［売上(2021)］とします。この場合は各行を計算したあとに集計することになります。一方、②の集計の順番で計算したい場合は、今回のようにSUMで囲っておきます。そうすると、最初に［売上(2022)］と［売上(2021)］の合計をそれぞれ集計したあとに割り算されます。少し頭が混乱しそうなので簡単なデータで考えてみましょう。SUMで囲わない場合、各行で計算がされた後に合計されます。そのため、1行目のデータであれば2022年の売上は0のため計算結果は0となります。一方で2021年に売上がない場合は、0で割ることになるので割り算は成り立たず（0除算）、欠損値（NULL）が入ってしまいます。集計は各行での割り算が行われた後に行われるので、複合機やプリンターで合計しても0にしかなりません。

　一方で、SUMで囲った場合は、プリンターや複合機の年ごとに売上を集計したあとに、割り算を行ってくれます。今回は、こちらの計算方法が正しいことが分かりますね。このように集計方法によって、計算結果が大きく異なるので注意しましょう。

▼集計方法の違い

売上日	製品カテゴリ	売上	売上(2021)	売上(2022)
2021/3/18	プリンター	30,000	30,000	0
2021/6/17	複合機	21,000	21,000	0
2021/11/7	複合機	80,000	80,000	0
2021/12/15	プリンター	13,000	13,000	0
2022/1/28	複合機	10,000	0	10,000
2022/5/18	プリンター	9,000	0	9,000
2022/8/12	複合機	50,000	0	50,000
2021/11/28	プリンター	29,000	0	29,000

[売上(2022)]/[売上(2021)] の場合
※各行で割り算をしたあとに集計

0 / 30,000 = 0
0 / 21,000 = 0
0 / 80,000 = 0
0 / 13,000 = 0
10,000 / 0 = NULL
9,000　/ 0 = NULL
50,000 / 0 = NULL
29,000 / 0 = NULL

複合機　　0
プリンター　0

SUM([売上(2022)])/SUM([売上(2021)])の場合
※[売上(2022)]と[売上(2021)]の合計を計算した後に、割り算を計算

プリンター
(2022年)
　9,000　 + 29,000 = 38,000
(2021年)
　30,000 + 13,000 = 43,000

38,000 / 43,000 = 0.883

複合機
(2022年)
　10,000 + 　50,000 = 60,000
(2021年)
　21,000 + 　80,000 = 101,000

60,000 / 101,000 = 0.594

　それでは、売上前年比で比較していく準備が整ったのでグラフを作成していきましょう。

　単純な棒グラフを作成してみます。新しいシートを開いて、列に「製品カテゴリ」を、行に「売上前年比」をドラッグ&ドロップしましょう。また今回は見やすくするためにグラフに値を表示させましょう。マークカードのラベルをクリックして「マークラベルを表示」にチェックを入れるとグラフに値を表示することができます。1章のように、マークカードのラベルに「売上前年比」をドラッグ&ドロップしても同様に値を表示できますが、このような方法でも表示可能ですので覚えておきましょう。

▼売上前年比×製品カテゴリ

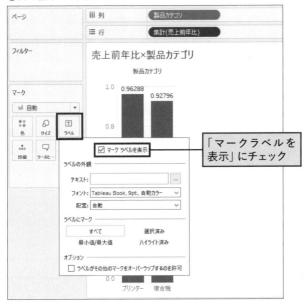

　売上前年比は、どちらも1(100%)以下となっており、売上が減少している ことがわかります。プリンターが約96％、複合機が約93％程度となっており、 複合機の方が売上前年比は低いですが、そこまで大きな差ではありません。 やはり製品カテゴリが売上を大きく下げている理由ではないようです。次に 移る前にシート名に「売上前年比×製品カテゴリ」という名前に変更しておき ましょう。

◤2つ目の仮説の検証

　では次の仮説の検証に移っていきます。2つ目の仮説は複合機やプリン ターといった製品カテゴリではなく、高額製品という特定の製品が下がって いるのではないかということですね。

　　◆ うちで扱っている高額製品の評判があまり良くないと聞いたのでそれ が原因で売上が落ちているのではないか。

　高額な製品が複合機/プリンターのどちらも下がっていた場合などは、先ほどの製品カテゴリだけの可視化だと売上前年比への影響を確認できません。特定の製品だけ売上が下がることは考えられますので、製品IDも含めて可視化をしてみましょう。

　では、作成していきます。製品カテゴリと製品IDは関係があるので、先ほど作成した「売上前年比×製品カテゴリ」を複製して使用しましょう。複製は、下段のシート名（「売上前年比×製品カテゴリ」）を右クリックして「複製」を選択します。「売上前年比×製品カテゴリ（2）」が作成されるので、列にある「製品カテゴリ」の横に「製品ID」をドラッグ&ドロップします。また、製品の料金もあわせて確認したいので、「料金」を行にドラッグ&ドロップで追加し、右クリックして「メジャー」→「平均」を選択します。

▼売上前年比×製品ID

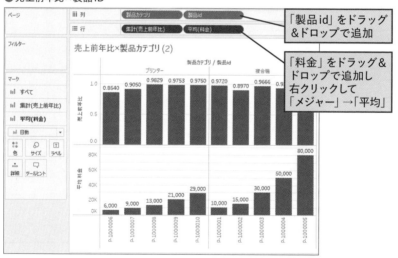

　製品IDごとに売上前年比に軽くばらつきが見えます。最も売上前年比が低いのはプリンターのP-1000006の85%で、最も下がり幅が小さいのはP-1000008の98%でしょう。ただ高額商品だからといって売上前年比が小さいわけではなさそうなのと、程度の差はありますが、どの製品でも売上前年比が1を下回っており、売上が減少しているというのは無視できません。つま

り製品ごとにばらつきはあるものの、全製品が売上減少しているため、他の要素がより効いている可能性があるということです。

◆3つ目の仮説の検証

そこで、次の仮説検証に移っていきましょう。シート名を「売上前年比×製品ID」に変更して新しいシートを追加します。最後の仮説は、新規顧客の獲得が伸び悩んでいるのではないか、という点でした。

◆ 顧客の新規獲得が伸び悩んでいるのではないか。

新規顧客の売上前年比を見るためには、顧客が新規なのかどうかを分ける必要があります。そこで、計算フィールドで、「新規orその他」を作成します。今回のデータには「初回契約日」があるので「初回契約日」が「売上日」と同じ年であれば「新規」そうでないなら「その他」とすれば良さそうですね。

まずは作ってみましょう。計算フィールドの作成は先ほどと同様です。「初回契約日」を右クリックして、「作成」「計算フィールド」でクリックしていきます。

●新規orその他フィールドの作成①

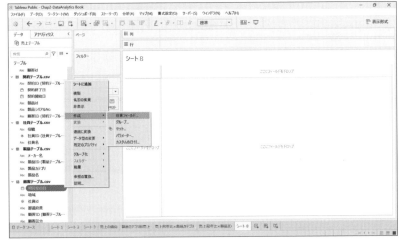

計算フィールドが表示されたら、次式を入れていきます。フィールド名は「新規orその他」としましょう。

```
IF YEAR([初回契約日])=YEAR([売上日]) THEN "新規"
ELSE "その他"
END
```

●新規orその他フィールドの作成②

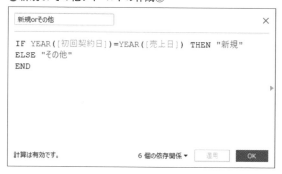

これで、「初回契約日の年」と「売上日の年」が同じであれば新規、それ以外はその他として扱われます。これによって、例えば2021年に初回契約した顧客の2021年の売上は新規顧客として集計ができます。では、さっそく、棒グラフで可視化してみましょう。先ほどと同じ流れで作成できます。

列に「新規orその他」を、行に「売上前年比」を入れましょう。また、マークカードのラベルで「マークラベルを表示」にチェックを入れるのを忘れないでくださいね。

▼売上前年比×新規orその他

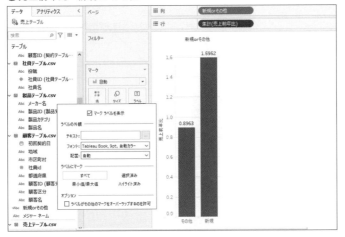

　これは一目で新規顧客の売上は伸びているのにも関わらず、その他の顧客に問題があることが分かります。「顧客の新規獲得が伸び悩んでいるのではないか」という仮説は真逆で、新規に獲得した顧客の売上は伸びているのがはっきりと分かりました。これで最後の仮説検証が終了しました。

　シート名を「売上前年比×新規orその他」に変更しておきましょう。

◆ 仮説の深掘り

　仮説検証を進めてきましたが、ここはもう少し深掘りしていきたいので「売上」の実数も念のため見ておきましょう。「売上」を行の「集計（売上前年比）」の右に追加します。

131

▼売上前年比×新規orその他　売上の追加

　これで売上も表示されました。売上としては新規よりもその他の顧客の方が圧倒的に多く、ビジネスへのインパクトが大きいのが分かります。これはなんとしてもその他の顧客の売上を立て直さなくてはいけませんね。

　さて、ここで少し振り返っておきましょう。

　ここまでの仮説とその検証結果は下記になります。

- ◆ プリンターと複合機では複合機の引き合いが多い印象。プリンターが特に減少しているのではないか。
- ◆ →プリンターの売上が複合機より低いが、どちらも売上が減少しており減少幅に大きな差はない。

- ◆ うちで扱っている高額製品の評判があまり良くないと聞いたのでそれが原因で売上が落ちているのではないか。
- ◆ →高額商品だからといって売上前年比が小さいわけではない。また売上減少幅の差は若干あるものの全ての製品で売上前年比が1を下回っており売上が減少している。

- ◆ 顧客の新規獲得が伸び悩んでいるのではないか。
- ◆ →新規獲得は順調だが、その他の顧客の売上減少が大きい。

この結果を受けて考えると、「新規顧客」は好調なのに「その他の顧客」が売上減少している理由が気になります。そこで、このあと探索的に深掘り分析してみましょう。

●新規orその他の検証結果

▶仮説探索型で深掘り分析を進めよう

仮説探索型で深掘り分析を進める前に、今回分析の対象とする「その他の顧客」について改めて整理してみましょう。先ほどの分析で、2021年と2022年の売上を比較した際に、2022年の新規顧客は増加しており問題ないということが分かりました。よってそれ以外の顧客（初回契約日が2021年以前の顧客）をターゲットに分析すると良さそうです。よってここからは、この「初回契約日が2021年以前の顧客」のことを「既存顧客」と呼び、深掘り分析を進めていきたいと思います。

それでは、既存顧客について、以下の3つの観点で分析してみましょう。一度ご自身でTableauを用いて試しに探索的に分析を進めてみるのも良いでしょう。分析を進める際は分析観点に漏れがないように「①大小関係がないか」「②変化がないか」「③パターンがないか」を意識しながら進めてみましょう。

　では、どのような分析が考えられるについて一緒に分析を進めていきましょう。なお分析には学校の教科書のように完全なる正解はなく、同じデータを利用しても人によって新たな切り口や分析結果が発見されたりするものです。そのため、今からお伝えする分析が正解というわけではなく一つの分析例になります。「やっぱりこんな切り口で分析をするよね」とか「確かにこんな観点の分析もあったな」など感じていただきながら一緒に分析を進めていければと思います。

　それでは既存顧客について、以下の3つの観点で分析してみましょう。

- ◆ ①大小関係がないか
- ◆ ②変化がないか
- ◆ ③パターンがないか

◆①大小関係がないか

　ディメンションを追加し、大きな差がある項目がないか確認していきましょう。

　先ほどの仮説検証の結果で製品カテゴリなどではそこまで大きな差が見えてはいなかったので、「顧客区分」「担当社員の役職」「地域」あたりを中心に攻めていきましょう。

　どんどん作っていきます。

　まず新しいシートを開いて、列に「顧客区分」、行に「売上前年比」と「売上」を追加します。また、マークカードのラベルをクリックして「マークラベルを表示」にチェックを入れてグラフに値を表示します。

▼売上前年比×顧客区分①

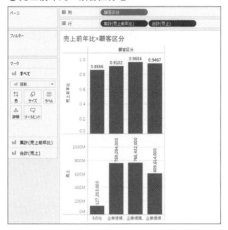

　続いて、既存顧客（初回契約日が2021年以前の顧客）に絞って分析したいため、フィルターに「初回契約日」を入れます。

▼売上前年比×顧客区分②

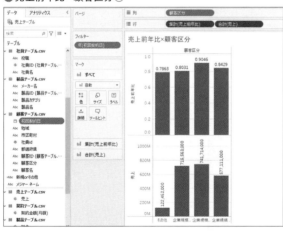

　「初回契約日」をフィルターに入れると、[初回契約日]でどのようにフィルターしますか？というダイアログがでますが、今回は年でフィルターしたいため「年」を選択します。

●「初回契約日」のフィルター設定①

その後、2022年以外を選択して「OK」ボタンを押しましょう。

●「初回契約日」のフィルター設定②

　表示されたグラフ（図　売上前年比×顧客区分）を確認すると、顧客区分に関わらずどれも1を下回っており、売上が減少していますね。若干のばらつきはありますが特定の顧客区分が問題になっている訳ではなさそうです。

　では続いて、地域を見ていきましょう。シート名を「売上前年比×顧客区分」に変更したら、「売上前年比×顧客区分」シートを複製してください。複製したら「地域」を列の「顧客区分」のところに上書くようにドラッグ＆ドロップして、入れ替えてみましょう。

▼売上前年比×地域

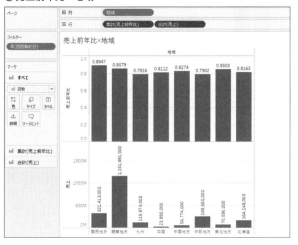

　顧客区分と同様に若干のばらつきはありますが地域差がほぼ見られず、売上はどの地域においても前年よりも減少していることが分かります。顧客区分と同様に、地域にも大きな差がないことが分かりました。では続いて、「役職」を見ていきます。シート名を「売上前年比×地域」に変更したら、「売上前年比×地域」シートを右クリックして複製してください。シートが複製されたら、列の「地域」のところに「役職」で上書くようにドラッグ＆ドロップして入れ替えてください。

▼売上前年比×役職

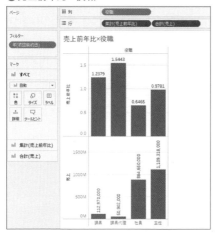

　役職でみると社員が0.6465で、主任も0.9781と売上前年比が1を下回っていますが特に社員が減少していることが分かります。ここから役職が社員（一般社員）の対応が何かしらの大きな問題を引き起こしていることが考えられます。では、シート名を「売上前年比×役職」に変更しておきましょう。

　ここまでで、特定の製品や顧客区分ではなく、役職が社員の対応に問題がありそうだということが分かりました。

　では続いて②の変化がないか、③のパターンがないかを確認していきますが、ここではあまりグラフを作成せずに簡易的な確認に留めます。考え方は少し説明するので、皆さんは是非様々なグラフを作成してみてください。

◀②変化がないか

　ここまでに「年/月」の「売上」は既に「売上の傾向」というシート名でグラフを作成してありますね。その結果、2022年から売上が減少していることは既に確認してあります。ここでは取り扱いませんが、「売上の傾向」というシートを複製して、いくつかのディメンション（例えば、役職など）を色に入れるなどして、様々な切り口で見ていくのが良いでしょう。

◆③パターンがないか

　季節性や2つの数値項目間の関係性（相関関係など）について確認してみましょう。

　季節性に関しては、先ほどの「売上の傾向」シートで確認できますが、季節性よりも売上の減少の方が目立っており、季節性は大きくありませんね。今回は特定の季節が下がっているというよりかは、2022年の売上が下がっているという方が支配的であることがわかります。

　次に、2つの数値項目の関係性について確認していきます。先ほど役職が社員（一般社員）の担当顧客について売上前年比が低いことがわかりましたが、顧客満足度の状況はどうなのか気になるところです。そこで、顧客満足度について、顧客数との関係や売上前年比との関係について確認していきたいと思います。

　まず、顧客数に関する計算フィールドを作成します。計算フィールドの作成は先ほどと同様です。「顧客ID」を右クリックして、「作成」「計算フィールド」でクリックしていきます。計算フィールドが表示されたら、次式を入れていきます。フィールド名は「顧客数」としましょう。

```
COUNTD( [顧客id] )
```

▼顧客数の計算フィールドの作成

139

　続いてグラフを作成していきます。2つの数値項目の関係性を確認する場合は散布図を作成することを考えがちです。しかし、今回利用する「顧客満足度」は数値項目ではありますが「順序尺度」と呼ばれる、順序や大小には意味があるものの数値間の間隔には意味がない項目です。例えば、満足度1と2の間隔と、満足度3と4の間隔は等間隔でしょうか？　気温や身長などと異なり、厳密に等間隔かは分かりませんよね。そのため、「順序尺度」を利用する場合は散布図の表示は適しません。そこで、この章では「顧客満足度」をディメンションに変換して分析をしていきます。

　新しいシートを開いて、左のデータペインにある「顧客満足度」を右クリックして「ディメンションに変換」を選択します。これで「顧客満足度」は数値項目ですが「ディメンション」として利用できるようになりました。

▼顧客満足度のディメンションへの変換

　続いて列に「顧客満足度」、行に「顧客数」、マークカードの「色」に「役職」を入れます。マークカードの「ラベル」をクリックして「マークラベルを表示」にチェックを入れておきましょう。また、既存顧客に絞るため、先ほどと同様に「初回契約日」をフィルターに入れましょう。どのようにフィルターします

か？　というダイアログがでたら「年」を選択し、その後、2022年以外を選択して「OK」ボタンを押しましょう。

▼ 顧客満足度×顧客数のグラフ作成①

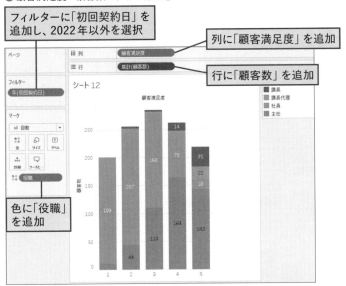

グラフでは構成比もあわせて確認したいため、行にもう一つ「顧客数」を追加した上で右クリックし「簡易表計算」→「合計に対する割合」を選択します。続いて「合計に対する割合」は下（縦）方向に集計したいため、先ほど追加した「顧客数」を右クリックした上で「次を使用して計算」→「表（下）」を選択します。これでグラフが完成しました。こちらのグラフのように全体のボリュームと、構成比の両方を確認できるグラフは便利でよく作成しますので覚えておきましょう。

▼顧客満足度×顧客数のグラフ作成②

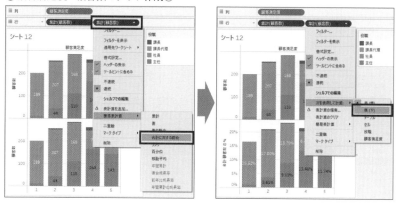

▼顧客満足度×顧客数

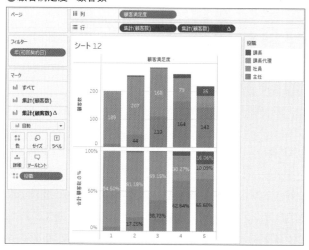

　作成したグラフを確認すると、やはり役職が社員の担当する顧客は顧客満足度が低い傾向があることが分かります。では、顧客満足度と売上前年比には関係性はあるのでしょうか。次に確認していきましょう。

　シート名を「顧客満足度×顧客数」に変更した上で、新しいシートを開きます。列に「顧客満足度」、行に「売上前年比」、マークカードの「詳細」に「顧客ID」を入れます。また、既存顧客に絞るため、先ほどと同様に「初回契約日」をフィルターに入れましょう。どのようにフィルターしますか？というダイアログがでたら「年」を選択し、その後、2022年以外を選択して「OK」ボタンを押しましょう。その後、右上の「表示形式」をクリックして「箱ひげ図」を選択します。これでグラフは完成です。シート名を「顧客満足度×売上前年比」としておきましょう。

▼顧客満足度×売上前年比のグラフ作成

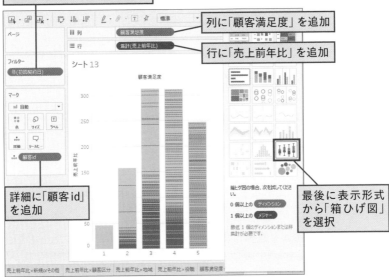

143

● 顧客満足度×売上前年比

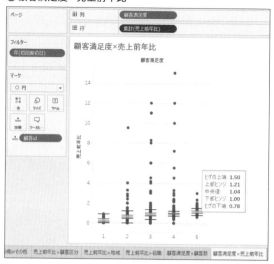

作成した箱ひげ図で中央値を確認すると、右肩上がりの傾向があること が分かります。やはり顧客満足度と売上前年比には一定の関係性がありそ うです。

　ここまでで、分析は終了です。いかがでしたでしょうか。仮説に基づいて仮 説を検証していく中で深掘りするポイントを見つけ、そちらに対して探索的に 分析を進めてきました。分析を進めるなかで「この分析から何を得たいのか」 迷子になりがちですが、ロジックツリーなどを活用しながら、今はどの部分 の分析をしているのかを意識しながら進めることが非常に重要になりますの で頭に入れておきましょう。では、最後にここまでの結果をまとめていきます。

分析結果を整理・活用しよう
＜分析フェーズ5＞

売上減少についてデータを分析して分かった点をまとめます。

データ分析結果をまとめるコツとして、空・雨・傘構文というものがあります。例えば、空を見ると黒い雲がある（事実）→雨が降るかもしれない（解釈）→傘を持っていくべきだ（提案）というように、事実と解釈と提案を意識して分析を整理すべきということです。見習いデータサイエンティストがたまにやってしまうのが、事実と解釈を混同してしまったり、分析結果を都合のいいように解釈をして提案してしまうことです。

では、考えていきます。

* **データから確認できた点①**
* プリンターと複合機では、とちらも売上が減少しており減少幅に大きな差はない。
* 全ての製品で売上前年比が1を下回っている。また、高額商品だからといって売上前年比が小さいわけではない。

* ⇒①の解釈
* 売上減少は製品以外の要因と考えられる。

* **データから確認できた点②**
* 新規顧客以外で2021年から2022年の売上前年比が89.6%に落ちている
* 特に役職が社員（一般社員）の担当している既存顧客で減少（売上前年比64.6%）しており、顧客満足度も低い傾向がある。
* 顧客満足度が低いほど売上前年比も低い傾向がある。

- ⇒②解釈
- 2022年1月前後から、役職が社員（一般社員）の担当している既存顧客について何か問題が発生し、顧客満足度が低下している可能性が高い。
  以上の分析結果を営業部門に説明してヒアリングしたところ、下記の仮説が考えられるのではとの回答がありました。

- 顧客とのコンタクト方法（リモート、対面など）が影響しているのではないか
- 顧客とのコンタクト回数が影響しているのではないか

　上記のヒアリング結果も含めて分析結果を整理して、「役職が社員（一般社員）の担当している既存顧客について、さらに分析を行い原因を特定したうえで対策を検討する」ことを経営企画部門に提案したところ、「分析結果は興味深く、ぜひ追加分析をお願いしたい」と回答がありました。そこで次の章で施策に繋がるような原因の特定を分析を通じて進めていきましょう。

　お疲れ様でした。ここまでで、2章は終了です。いかがでしたでしょうか。2章では、「課題の絞り込み」を分析プロセスにそって分析してきました。経営企画部門から入った「レンタル事業の売り上げが2022年から減少していることが分かった。2021年の水準に売上を戻したいので急ぎ分析をしてほしい。」という依頼をこなすために、まずは「売上減少への影響が大きい要素はどこか」を明らかにするという点を目標にするとともに、ヒアリングを通じて、仮説を整理した上でグラフを作成して仮説検証を進めました。分析結果は仮説とは異なる結果となりましたが、データで確認することで、既存顧客に問題があることが分かりました。そこからさらに深掘りして、「既存顧客のどこで売上が減少しているのか」を探索的に見てきました。その中で、「特に役職が社員（一般社員）の売上が減少しており、また顧客満足度とも関係がある」ということまで特定できましたね。このように、少しずつ特に影響が大きい要素はどこかを特定していくことで、今後対処すべき課題の絞り込みを行っていくのが重要なのです。

　また、技術的には、Tableauの操作にも大分慣れてきたのではないでしょうか。まだ不安な方は、本章のデータでもう少し探索的に遊んでみると良いでしょう。次は、原因の特定を進めていきます。

売上減少の原因の特定を進めよう

　2章では架空のOA機器レンタル会社に所属する見習いデータサイエンティストとして、「売上が2022年から減少している」という粗い粒度のビジネス課題の解決に向けて、まずは売上減少についてどこに手を打つべきか明らかにすることを目的として分析を進め、課題の絞り込みを進めました。結果として「特に役職が社員（一般社員）の担当する既存顧客（2021年以前に新規契約した顧客）で売上が減少している」ということを突き止めました。

　課題の絞り込みの次のステップとして実施することは「なぜその課題が発生しているのか」といった原因の特定を進めることです。「ここが原因なのでは」といった経験や勘による判断に加えて、データという客観的な観点も含めて判断することで、課題の原因について理解や解像度を上げることができ、より的が定まった効果的な対策立案につなげることができます。

　Tableau操作などの技術面としては1章や2章で扱ってきたものと大きくは変わりませんが、TableauにはLOD表現など使いこなせると非常に便利な機能が多数あります。そこで3章ではLOD表現などの少し応用的な機能も含めて説明していきたいと思います。

🔻3章の範囲

分析プロセス

凡例 フェーズ

分析目的や 課題の整理 （どのような 料理が食べ たいか確認）	分析 デザイン （どのような 食材や調理法 で作るか）	データ 収集・加工 （食材を集め 下ごしらえ）	データ 分析 （準備した 食材で調理）	分析結果の 活用 （盛り付けて 提供）

（）内は料理に例えた場合のイメージ

課題解決プロセス

課題の 発見 何が課題？ （What）	課題の 絞り込み どこ？ （Where、Who）	3章　原因の 特定 なぜ？ （Why）　分析	対策の 立案と実行 何をする？ （How）

売上が2022年から
減少している　　特に役職が社員の
担当する既存顧客で
売上が減少している

🔷 先輩からのアドバイス

　2章では課題整理のためのフレームワークとして、ロジックツリーの一つである要素分解ツリーを利用しましたが、3章のような原因を特定していくフェーズでは原因追及ツリーを利用していきます。こちらのツリーは「なぜ？（why？）」を繰り返しながら深掘りを続けることで、根本原因を探すことに役立てることができます。このあと原因追及ツリーで適宜分析結果を整理しながら「なぜ役職が社員（一般社員）の担当する既存顧客で売上が減少しているのか」を明らかにしていきましょう。

🔻原因追及ツリーの例

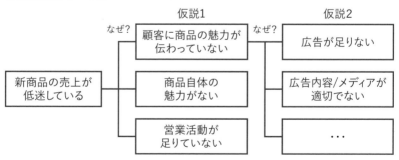

　なお、「なぜ?」はどこまでも繰り返していくことが可能ですが、どこまで繰り返して分析を深掘りするかについては、解決に取り組む問題のタイプにより異なります。意思決定を誤ると大きな損失が出るような重要な課題であれば慎重に分析や対策検討を行ったうえで対策を実行していくことになるでしょうし、試行錯誤が比較的許される場合であればスピード重視でクイックに分析や対策検討、実行を繰り返して改善を進めるアプローチも考えられます。データ分析は様々な観点や手法、データから際限がなく実施できてしまうため、分析対象とする課題やスピード感、費用対効果を考えながら優先度をつけて分析を進めるようにしましょう。

分析の目的や課題を
整理しよう
＜分析フェーズ１＞

それでは、さっそく進めていきましょう。3章では「原因の特定」を行っていきます。分析プロセスの流れは、序章および2章で説明した内容と同じです。2章との大きな違いは目的が「課題の絞り込み」ではなく「原因の特定」である点です。分析プロセスの流れを思い出しながら進めていきましょう。①分析目的や課題の整理、②分析デザイン、③データ収集・加工、④データ分析、⑤分析結果の活用、という流れでしたね。まずは分析の目的を考えていきますが、目的を考えるためにもあるべき姿と現状を整理してみましょう。

▶ 現状とあるべき姿

まず分析の目的を改めて確認するために、あるべき姿と現状を整理してみましょう。

- あるべき姿（最終ゴール）：レンタル事業の売り上げが2021年の水準に回復する。
- 現状：2021年と比較して、特に「既存顧客」かつ「役職が社員」の担当する顧客で2022年は売上が減少している。

2章では売上減少に特に影響を与えている要素を確認することで分析前よりも現状が明確になり、あるべき姿とのギャップを縮めることができました。そこで次は「なぜ既存顧客かつ役職が社員の担当する顧客で売上が減少しているのかを明らかにする」ことを分析目的として、データ分析で確認していきたいと思います。

分析のデザインをしよう
＜分析フェーズ2＞

Business Intelligence Tools

　分析の目的が整理できたら、2章と同様の観点で分析内容や条件などを検討して、分析のデザインを進めていきましょう。

▶分析内容や分析手法の整理

　2章でも解説しました通り、まずは分析を進めるにあたり分析依頼者や営業担当者などの有識者に思い当たる点や考えられる仮説がないか、既に実施した分析内容がないかについてヒアリングします。

　営業担当者に特に役職が社員（一般社員）の担当する既存顧客で売上が減少している点について考えられる仮説についてヒアリングしたところ下記の回答がありました。

　◆ 顧客とのコンタクト方法（リモート、対面など）が影響しているのではないか
　◆ 顧客とのコンタクト回数が影響しているのではないか

　まずは上記の点を中心に売上の状況を確認していくことにします。
　分析手法としては引き続きTableauを利用してデータを可視化し、分析を進めていくことにします。

▶分析条件の整理

　分析を進めるにあたって、分析スコープや指標の定義などについて条件を整理します。
　今回は分析依頼主の経営企画部と調整した結果、2章と同様の分析条件

とし、売上減少は2021年から2022年にかけての売上減少について確認していくことにしました。

▶ 必要なデータの整理

続いて、分析で必要となるデータを整理していきます。今回のケースでは2章で利用したデータに加えて営業が顧客にどのような手段でいつコンタクトを取ったのかの情報が必要そうです。

今回も分析依頼主である経営企画部門経由でシステム管理部門に依頼したところ、関連するデータとしてコンタクト履歴テーブルがあり、そちらであればすぐに提供可能との回答がありました。今回は前回のデータに加えてこちらのテーブルを利用して分析を進めていきます。

◆ コンタクト履歴テーブル：どの顧客に、どの社員が、いつ、どのような方法でコンタクトしたのかを管理

▶ 分析成果物の整理

分析依頼主に最終的にどのようなものを分析成果物として提示するのかを整理します。

依頼主の経営企画部と調整した結果、今回も売上減少の原因についての分析結果や考察をまとめて10枚程度のレポート形式で提出することにしました。

▶ その他（体制/スケジュール/コストなど）

そのほかに分析を始める前の整理事項として、体制面やデータ分析のスコープ、各タスク（データ準備、データ分析、レビュー日程（中間、最終等）など）のスケジュールなどを整理して、ステークホルダーと調整・合意をしておくことが必要ですが、プロジェクトマネジメントに近い領域のため本書では2章と同様に割愛して進めていきます。

データの収集・加工をしよう
<分析フェーズ3>

Business Intelligence Tools

　それではデータ収集していきます。

　前節で整理したコンタクト履歴テーブルのデータについて、システム管理部門に依頼し、csv形式のファイルを受領することができました。1章でも実施したように、まずはデータを眺めてみましょう。「コンタクト履歴テーブル.csv」をダブルクリックして開いてみてください。

▼コンタクト履歴テーブル

	A	B	C	D	E
1	コンタクトID	顧客ID	社員ID	コンタクト日	コンタクト方法
2	H-1000000	C-1001125	102033	2021/1/1	対面
3	H-1000001	C-1000775	103203	2021/1/1	対面
4	H-1000002	C-1000236	100650	2021/1/1	対面
5	H-1000003	C-1001283	101927	2021/1/1	電話
6	H-1000004	C-1000178	103882	2021/1/1	対面
7	H-1000005	C-1000775	103203	2021/1/1	電話
8	H-1000006	C-1000040	101013	2021/1/1	電話

　2章と同様にデータの細かさがどうなっているのか、結合させるためのキーを押さえるのが重要です。データは、コンタクトした日ごとにデータが作成されているようです。つまり、いつ（コンタクト日）、誰が（社員ID）、誰に（顧客ID）、どんな内容（コンタクト方法）で連絡を取ったのかが分かるデータとなっています。顧客IDや社員IDをもとに、売上や顧客の情報、社員情報などを結合すれば良さそうですね。

　結合する顧客の情報として、顧客ごとの2021年と2022年売上情報もあると、コンタクトした顧客について売上が下がっている顧客なのかどうかを分析できて便利そうです。そこで、顧客テーブルに顧客単位に売上情報を集計したカラムを追加したデータ「顧客別年売上集計.csv」を作成して使用することにしました。本書ではあらかじめこちらで前処理を行い作成しましたのでそちらを利用していきます。また、社員テーブルを結合すれば役職ごとの違い

が分かるので、社員テーブルも利用します。

　今回のコンタクト履歴テーブルで注意が必要な点としては、もしコンタクトを1度も取らなかった顧客がいた場合は、コンタクト履歴テーブルには該当顧客のレコードがないということです。そのため今回は顧客テーブルに顧客毎の売上情報を追加した「顧客別年売上集計.csv」をベースとして、コンタクト履歴テーブルや社員テーブルを左結合することにします。

　それでは、①顧客別年売上集計データの読み込み、②コンタクト履歴テーブルを左結合（顧客ID）、③社員テーブルを左結合（社員ID）という順番で進めていきます。

　なお、2章でも解説しました通りTableauではIDなど特定の文字を含む項目がある場合は表記ゆれを防ぐよう自動で項目名を変更する機能があります。項目の表記ゆれを減らすという意味では便利な場合もありますが、一部変更されていない項目があるなど少し分かりにくい場合もあります。もし元データの表示名に直したい場合は該当の項目を選択し、オプションから「名前のリセット」を選択すると元データの表示名に直すことができます。本書では「名前のリセット」はせずにTableauが自動変換した項目名で利用しますが、Tableauのバージョン等により自動変換の仕様が変わる可能性があります。ただ、読み進める上で迷うほどの自動変換はされませんので、idとIDなどは適宜読み替えて読み進めていただければと思います。

▶顧客別年売上集計データの読み込み

　それではTableau Publicに読み込んで、データ結合をしていきます。2章でやってきた操作と同じなので、復習しながら進めていきましょう。

　まずはTableau Publicを開いて、左のタブの中からテキストファイルを選択します。

　そうすると、サブウィンドウが開くので、秀和システムのサポートページからあらかじめダウンロードしておいたサンプルデータのフォルダを指定して、今回の基礎データとなる顧客別年売上集計.csvを選択します。

　そうすると顧客別年売上集計.csvの読み込みが完了します。

●顧客別年売上集計.csvの読み込み

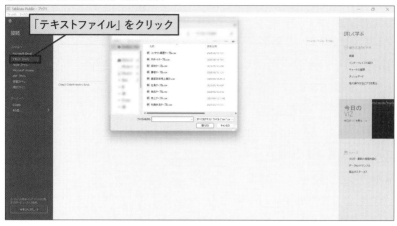

その後、画面中央に表示された「顧客別年売上集計.csv」をダブルクリックして、データを結合する画面に遷移します。

●顧客別年売上集計の結合①

その後、2章と同様の操作でデータの結合を進めていきます。

まず左にファイルとして表示されている「コンタクト履歴テーブル.csv」を右にドラッグ&ドロップした上で、顧客別年売上集計.csvに対して、コンタクト履歴テーブルを顧客IDで左結合します。結合キーについて、デフォルトでは社員IDなど別の項目になっている可能性がありますので、必ず確認して「顧

客ID」に変更しましょう。操作方法を迷う方は2章を参照してみてください。

　続いて、左にファイルとして表示されている「社員テーブル.csv」を右にド
ラッグ&ドロップした上で、顧客別年売上集計.csvに対して、社員テーブル
を社員IDで左結合しましょう。こちらも結合キーがデフォルトで別の項目に
なっている可能性がありますので、必ず社員IDになっていることを確認して
適宜変更をしましょう。

▼ 顧客別年売上集計の結合②

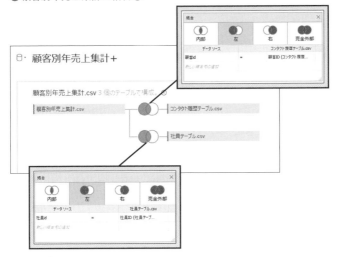

　今回の結合では、顧客別年売上集計.csvに対してコンタクト履歴テーブル
を左結合していますが、1つの顧客に複数回コンタクトした場合はコンタクト
履歴も複数レコードになります。そのため1つの顧客に対して複数レコードと
なっている可能性がある点を留意してください。

　それでは左下の「ワークシートへ移動」をクリックしてグラフ作成画面に移
動してください。こちらでデータ結合がうまくいったか、レコード件数の確認
をしていきます。

　まず、計算フィールドで「コンタクト回数」と「顧客数」というカラムを作成
していきます。計算フィールドの作成は1章や2章でも実施しましたね。計算
式は次のものを入力してください。

```
countd([コンタクトid])
```

▼計算フィールド「コンタクト回数」

```
countd([顧客id])
```

▼計算フィールド「顧客数」

Memo COUNTD関数について

COUNTD関数を使うと、データ項目の値の重複は除いてレコード数をカウントすることができます。例えば合計レコード数が3件の住所データにおいて、データ項目「都道府県」の値が「東京都」のレコードが1件、「神奈川県」のレコードが2件存在する場合を考えます。この場合は、合計レコード数は3件ですがCOUNTD関数を使うと「神奈川県」の重複は除いて「東京都」と「神奈川県」の合計2件と計算することができます。逆に重複は考慮せずレコード数を計算したい場合は、COUNT関数を利用します。

　計算フィールドが作成できましたらグラフ作成に進みますが、Tableauでは Ctrl キーや Shift キーを押しながら複数の項目を選択することで、一度に複

数の項目を操作することができます。せっかくなので今回はその機能を利用してみましょう。 Ctrl キーを押しながら左のデータペインにある「顧客別年売上集計.csv（カウント）」、「コンタクト回数」、「顧客数」を選択します。選択できたら右のグラフ表示エリアにドラッグ＆ドロップすると、各カラムの値が表形式で表示されます。

▼ コンタクト数などのメジャーの追加操作

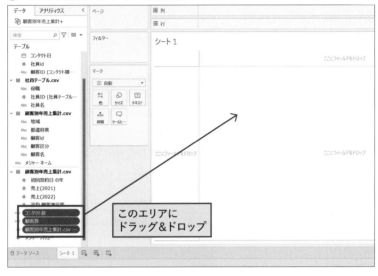

▼ コンタクト数などのメジャー追加後の画面表示

こちらの値を確認していきます。まず、顧客数は顧客別年売上集計.csvの
レコード数である1505レコードと一致しますので正しそうです。一方で、デー
タのレコード件数である「顧客別年売上集計.csv（カウント）」は12,738件と
なっています。こちらは基本的にはコンタクト数と一致するはずですが、コン
タクト数とは52件の差分があります。これは、顧客の中でコンタクト履歴が
ない顧客がいるためと考えられます。念のため、計算フィールドを作成して確
認してみましょう。

コンタクト履歴がないということはコンタクトIDがないレコードになります
ので、コンタクトIDがNullのレコード件数を確認してみましょう。

> **Ｍｅｍｏ ISNULL関数について**
>
> ISNULL関数を使うと、ISNULLの( )内の項目がNULLの場合は真を返し
> てくれます。そのため、今回の計算フィールドではIF文を組み合わせることで
> 「コンタクトID」がNULLの場合は1を、NULL以外の場合は0を返却するこ
> とになります。

```
if isnull([コンタクトid]) then 1 else 0 end
```

▼計算フィールド「コンタクト履歴がない顧客数」

作成した計算フィールド「コンタクト履歴がない顧客数」をメジャーバ
リューの欄もしくはグラフ表示エリアにドラッグ＆ドロップすると値が表示され
ます。「コンタクト履歴がない顧客数」は52件と表示されており、「顧客別年
売上集計.csv（カウント）」と「コンタクト回数」の差分の52件と一致しますの
で、データは正しく結合されていそうです。

▼「コンタクト履歴がない顧客数」の追加操作

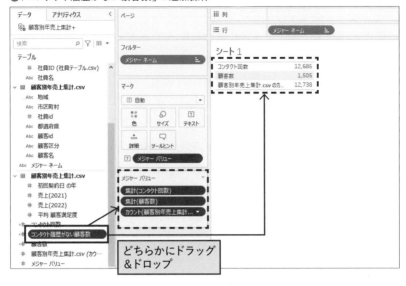

▼「コンタクト履歴がない顧客数」追加後の画面表示

▶データ欠損を把握しよう

　続いて2章と同様に、データ欠損（Null）や代表値などを見ていきますが、繰り返しにもなるので、ここではデータ欠損のみ確認していきましょう。

　ここでは操作方法などは細かく説明しないので、分からなくなったら2章を読み返しながら進めると良いでしょう。まず、新しいシートを作成します。左のデータペインを眺めると、「初回契約日の年」がメジャーとして「売上（2021）」と並んで表示されている場合があります。こちらはTableauが数値項目は初期表示としてはメジャーと自動で判断するためです。ただ「初回契約日の年」はディメンションとしてフィルターなどで利用したいため、メジャーの欄に表示されている場合は、「初回契約日の年」を右クリックしてオプションから「ディメンションに変換」を選択してディメンションに変換しておきましょう。続いてNullの確認を行います。計算フィールド以外のメジャー項目である「売上（2021）」「売上（2022）」「平均 顧客満足度」「顧客別年売上集計.csv（カウント）」を Ctrl キーを押しながら選択し、右のグラフエリアにドラッグ＆ドロップします。

🔻欠損値の確認①

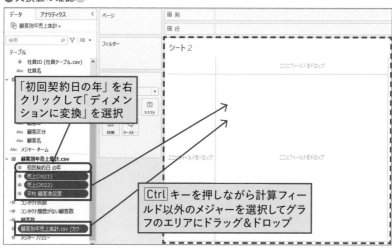

メジャーバリューとして追加されたメジャー項目で、集計方法がカウントになっていない項目を Ctrl キーもしくは Shift キーを押しながらすべて選択して右クリックをします。表示されたオプションから「メジャー」→「カウント」を選択します。

▼ 欠損値の確認②

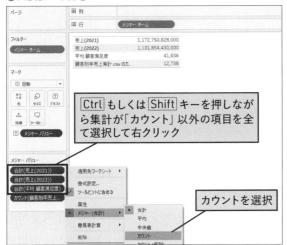

ここで、メジャー以外のディメンションを追加したい場合は2章と同様にメジャーバリューの中に入れていきます。今回は、コンタクト履歴テーブルの全てのディメンションを追加してみましょう。もし、2章と同様に警告画面が出た場合は、「すべての要素を追加」をクリックしてください。

▼欠損値の確認③

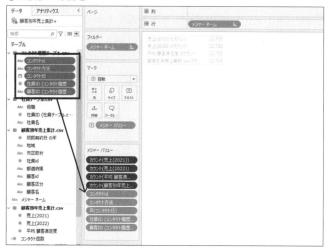

　こちらも2章と同じですが、赤くなるのは気にしなくて大丈夫です。続いて、メジャーバリューにある赤色の項目（先ほど追加したコンタクト履歴テーブルの全てのディメンション）を $\boxed{Ctrl}$ キーもしくは $\boxed{Shift}$ キーを押しながら全て選択します。これで、変更したい項目を一気に選ぶことができます。全て選択できたら右クリックをします。表示されたオプションから「メジャー」→「カウント」を選択します。

● 欠損値の確認④

これで、欠損値が確認できますが、今回は「コンタクト履歴テーブル」にあるディメンションとそれ以外のカラムでレコード件数が一致しません。こちらは先ほどのレコード件数の確認で実施したように、コンタクト履歴がない顧客が52件含まれるからです。欠損値としては妥当なので、こちらで分析を進めて問題なさそうです。

◯欠損値の確認⑤

　今回は、Ctrl キーや Shift キーを押しながら選択することで、変換が効率的に行えることを覚えましたね。では、これでデータ欠損の確認は終了です。今回は、代表値の確認は行いませんが、余力がある方は確認してみましょう。ただし、本データは顧客データ（顧客別年売上集計）にコンタクト履歴を結合しているため、1つの顧客に複数回コンタクトした場合は1つの顧客に対して複数レコードが存在するデータになっています。そのため代表値にあまり大きな意味を持ちません。例えば、顧客Aへのコンタクトが10件あったとした場合に、仮にA顧客の売上（2021）が300,000円だったとすると売上は顧客単位であるので、合計してしまうと売上（2021）が10倍に増えてしまいます。こういったデータの場合は取り扱いに注意して臨みましょう。では、ここで保存をしておきます。左上の「ファイル」から「Tableau Publicに保存」をクリックして、ファイル名を入力して保存してください。ここでは「Chap3-DataAnalytics Book」として保存しました。

データ分析を進めよう
＜分析フェーズ4＞

Business Intelligence Tools

データ結合が終了して、分析する準備が整ったので分析を進めていきましょう。まずは、2章と同様にヒアリングによって得られた仮説を整理しつつ進めていきます。

▶仮説を検証してみよう

ヒアリングによって得られた仮説を確認しておきます。

- 顧客とのコンタクト方法（リモート、対面など）が影響しているのではないか
- 顧客とのコンタクト回数が影響しているのではないか

分析プロジェクトによってはもっと多くの仮説が出ることもあります。その場合は、仮説の確度やデータ準備・分析の難易度などを踏まえ、どの仮説から検証を進めるかの優先度を整理したり、仮説を取捨選択したりしながら進めましょう。

今回の2つの仮説をツリーで整理すると、次図になります。

▼原因追及ツリー

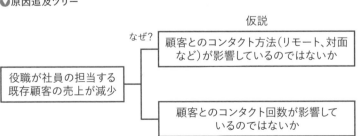

役職が社員の担当する既存顧客（2021年以前に新規契約した顧客）の売

上が減少しているのが問題であることが2章で分かっているので、その原因を特定していきます。そこで、2つの仮説がツリーでぶら下がっている状態です。

◆1つ目の仮説の検証

では、1つずつグラフで確認していきましょう。

◆ 顧客とのコンタクト方法（リモート、対面など）が影響しているのではないか

もし、コンタクト方法が売上減少に影響を及ぼしている場合は、2章でも確認した売上前年比がコンタクト方法によって異なり、リモートでのコンタクト方法は売上前年比が小さくなるはずです。そこで、コンタクト方法と売上前年比のグラフを作成していきましょう。

ただし、今回のデータは先ほどデータ結合しながら確認してきたように、顧客データにコンタクト履歴を結合しているため、1つの顧客に複数回コンタクトした場合は1つの顧客に対して複数レコードあるデータになっています。その1レコード毎に2021年、2022年の顧客ごとの売上合計値が入っているため、このまま単純に売上を合計すると複数レコードある顧客はその分売上が増えてしまうことになります。そのようなデータではそのまま集計ができないので、売上前年比が簡単には作成できません。

このようなケースでは、もう一度データの前処理を行って分析目的毎のデータを作成してTableauに取り込む方法も考えられますが、**LOD表現**というTableauの機能を利用すると再度前処理を行わずに分析することができます。LOD表現は、指定の単位で集計してくれる便利な計算方法となります。少しイメージしにくいと思うのでまずはやってみましょう。

新しいシートを開いて、メジャーの「売上(2021)」を右クリックして、計算フィールドを作成します。その後、下記の式を入れてください。フィールド名は、「顧客ごとの売上(2021)」としました。

```
{FIXED [顧客id]:AVG([売上(2021)])}
```

▼顧客ごとの売上（2021）の作成

これはFIXED関数というもので、指定の単位であらかじめ計算した結果を
グラフ集計で利用できます。今回であれば、顧客ID単位で売上の平均をあら
かじめ計算し、その後に「顧客ごとの売上（2021）」を用いた各種の集計計算
（例えば売上前年比など）を行うことができます。中間的なテーブルを作成した
うえで集計しているイメージと考えると少し分かりやすいかもしれません。イ
メージは次の図のようになります。

▼FIXED関数のイメージ

コンタクト日	顧客ID	コンタクト方法	売上(2021)	売上(2022)
2021/3/18	C-1001125	電話	890,000	456,900
2021/6/17	C-1001046	電話	800,000	760,000
2021/11/7	C-1001046	電話	800,000	760,000
2021/12/15	C-1001125	電話	890,000	456,900
2022/1/28	C-1001113	電話	654,000	530,000
2022/5/18	C-1001046	電話	800,000	760,000
2022/8/12	C-1001125	電話	654,000	530,000
2021/11/28	C-1001113	電話	654,000	530,000

2021/6/17	C-1001046	電話	800,000	760,000
2021/11/7	C-1001046	電話	800,000	760,000
2022/5/18	C-1001046	電話	800,000	760,000

FIXEDで顧客IDごとの平均をあらかじめ計算

800,000　760,000

2021/3/18	C-1001125	電話	890,000	456,900
2021/12/15	C-1001125	電話	890,000	456,900
2022/8/12	C-1001125	電話	890,000	456,900

890,000　456,900

2022/1/28	C-1001113	電話	654,000	530,000
2021/11/28	C-1001113	電話	654,000	530,000

654,000　530,000

売上前年比の集計

売上(2021)	売上(2022)
800,000	760,000
＋	＋
890,000	456,900
＋	＋
654,000	530,000

0.745

　例えば、売上前年比を計算する場合を考えると、FIXED関数を用いることで、先に顧客IDごとに集計が行われます。例えば、顧客IDがC-1001046であれば売上(2021)は800,000＋800,000＋800,000を平均して800,000となります。これは顧客IDごとに全く同じ値なので平均したら800,000という数字が出てくるのは理解しやすいですね。このように、顧客IDごとに売上を集計した後に、売上前年比を計算することで正しく計算ができます。LOD表現は最初は分かりにくいと思いますが、慣れてしまうと非常にシンプルでとても便利な機能だと気付くはずです。LOD表現についてはAppendixのページに詳しく記載しましたので興味のある方はそちらもご確認ください。

　では、同様に「顧客ごとの売上(2022)」を作成しましょう。メジャーの「売上(2022)」を右クリックして、計算フィールドを作成します。その後、下記の式を入れてください。フィールド名は、「顧客ごとの売上(2022)」としました。

```
{FIXED [顧客id]:AVG([売上(2022)])}
```

●顧客ごとの売上(2022)の作成

　これで、各年毎の売上が作成できました。それでは、続いて売上前年比を作成しましょう。今回も2章と同様にSUMで囲むことを忘れないでください。

```
SUM([顧客ごとの売上(2022)])/ SUM ([顧客ごとの売上(2021)])
```

▼売上前年比の作成

また、後ほど顧客ごとのコンタクト回数と顧客満足度も確認したいため、計算フィールド「顧客ごとのコンタクト回数」と「顧客ごとの平均顧客満足度」をあわせて作成しておきましょう。

```
{FIXED [顧客id]:COUNTD([コンタクトid])}
```

▼顧客ごとのコンタクト回数の作成

```
{FIXED [顧客id]:AVG([平均 顧客満足度])}
```

▼顧客ごとの平均顧客満足度の作成

さてこれで準備が整いました。

まずは、役職、コンタクト方法の売上前年比を確認していきましょう。

「売上前年比」を行に、「役職」「コンタクト方法」の順番で列に入れます。また、マークカードのラベルをクリックして、マークラベルの表示を忘れないようにしてください。

▼売上前年比×コンタクト方法

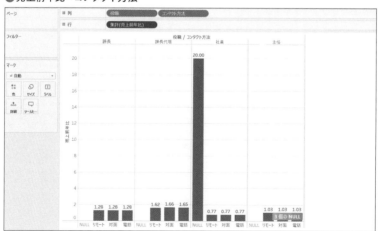

　このままだと、既存顧客以外（2022年の新規顧客）も含まれているため
フィルターを追加しましょう。まず、「初回契約日の年」が左のデータペインで
売上(2021)などと並んでメジャーとして表示されていないか確認しましょう。
もしメジャーとして表示されている場合は「初回契約日の年」を右クリックして
「ディメンションに変換」を選択して、ディメンションに変換します。その上で、
「初回契約日 の年」をフィルターにドラッグ＆ドロップします。ウインドウが表
示されたら、2022以外をチェックしてOKを押します。

▼「初回契約日」のフィルター設定

　また、今回はLOD表現の「FIXED」という関数を利用した計算フィール
ドを利用していますが、フィルターをかけた後にFIXEDの計算を行いたい
場合はフィルターのオプションで「コンテキストに追加」を選択する必要があ
ります。詳しく理解したい方はAppendixで説明していますのでそちらをご参
照ください。
　今回は、既存顧客に絞ったうえで「売上前年比」の計算を行いたいため、
フィルターに格納された「初回契約日 の年」を右クリックして、オプションか
ら「コンテキストに追加」を選択します。

▼フィルターの追加

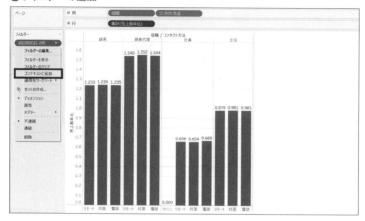

▼「コンテキストに追加」の操作結果

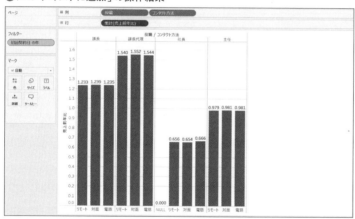

　「コンテキストに追加」の操作を行うと、該当のフィルター項目が灰色で表示されます。今回はグラフの値は変わりませんでしたが、FIXEDを利用した計算フィールドを利用する場合はフィルターをかけたうえで計算したいのかを考え、フィルターをかけたうえで計算したい場合は「コンテキストに追加」を忘れずに実施するように意識しましょう。

　フィルターをかけたグラフを確認すると、どの役職においてもコンタクト方法による売上前年比の違いは見られません。つまり、コンタクト方法が原因

で売上が減少している訳ではないということが分かりました。こちらはシート名を「売上前年比×コンタクト方法」としておきましょう。

これで、1つ目の仮説は間違っていることを確認できました。

◆2つ目の仮説の検証

では、続いて2つ目の仮説を検証していきます。1つ目がいわゆる接触方法だったのですが、2番目は接触回数に関する仮説です。

　◆ 顧客とのコンタクト回数が影響しているのではないか

それでは、さっそく作っていきましょう。

新しいシートを開き、列に「役職」、行に先ほど作成した「顧客ごとのコンタクト回数」を追加した上で右クリックしてオプションから「メジャー」「平均」を選択します。また、今回もマークカードのラベルをクリックして「マークラベルを表示」にチェックを入れておきましょう。

▼役職×顧客ごとのコンタクト数の作成

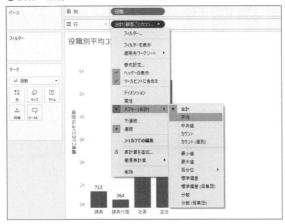

このままだと、既存顧客以外（2022年の新規顧客）も含まれているため先ほどと同様にフィルターを追加しましょう。「初回契約日 の年」をフィルターにドラッグ＆ドロップします。ウインドウが表示されたら、2022以外をチェック

してOKを押します。また、今回も既存顧客でフィルターをかけたうえで、「顧客ごとのコンタクト回数」というFIXED計算を実施したいため、フィルターのオプションから「コンテキストに追加」を選択するようにします。「コンテキストに追加」の操作後にフィルターに格納された「初回契約日 の年」が灰色になっていることを確認してください。これで無事フィルターも追加することができました。

▼役職×顧客ごとのコンタクト数

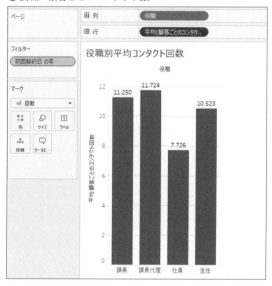

役職別の平均コンタクト回数を確認すると特に社員が低いことが分かります。役職が社員（一般社員）は売上前年比が低いことを2章でも確認しましたが、改めて行に「売上前年比」を追加して傾向を確認してみましょう。

●売上前年比の追加

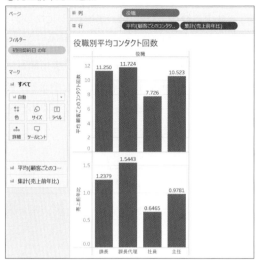

役職別平均コンタクト回数

　平均コンタクト回数が低い社員や主任は売上前年比が低く、やはり、売上の減少と、コンタクト回数は関係性があるようです。コンタクト回数についてさらに深掘りしていく必要がありそうです。こちらはシート名を「役職別平均コンタクト回数」としておきましょう。

◆ 仮説検証のまとめ

　ここまでで、2つの仮説検証をおこなってきました。そこで、原因追及ツリーを少しまとめてみましょう。

●仮説検証結果

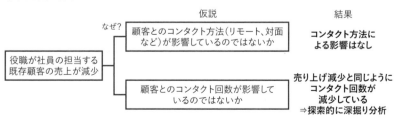

　仮説検証の結果、1つ目の仮説に関してはコンタクト方法による違いが確認できず、コンタクト方法が売上減少の原因ではないことが明らかになりました。一方で、コンタクト回数に関しては、役職別に見ると特に社員のコンタクト回数の減少が著しく、売上との連動も見られました。このあと「なぜ顧客コンタクト回数が減少しているのか」について再度有識者と仮説を整理して仮説検証を進めるアプローチも考えられますが、今回はコンタクト回数を中心に仮説探索型のアプローチで詳しく分析していきたいと思います。

▶仮説探索型で深掘り分析を進めよう

　それではここからは、既存顧客のコンタクト回数について、以下の3つの観点で分析していきましょう。2章でも触れましたが読み進める前に、一度ご自身でTableauを用いて試しに分析を進めてみるのも良いでしょう。分析を進めながら分析観点に漏れがないように「①大小関係がないか」「②変化がないか」「③パターンがないか」を意識しながら進めるのも共通です。

　では、どのような分析が考えられるについて一緒に分析を進めていきましょう。こちらも2章と繰り返しになりますが、分析には学校の教科書のように完全なる正解はありません。様々な切り口で可視化や思考を行いながら分析を進めていきましょう。時には、本書から離れて気になった部分を可視化していくのも大事ことです。

　それでは既存顧客について、3つの観点で分析してみましょう。

◆①大小関係がないか

　まず、顧客区分別で顧客ごとの平均コンタクト回数に差がないかを確認してみましょう。先ほど作成したシート「役職別平均コンタクト回数」を複製して、シート名を「顧客区分別平均コンタクト回数」にします。その上で、列にある「役職」を「顧客区分」に変更します。表示されたグラフを確認すると企業規模大が少しコンタクト回数が多いものの、顧客区分で大きな差はなさそうです。

●顧客別平均コンタクト回数

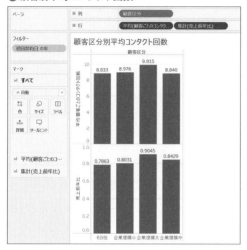

続いて、地域別で顧客ごとの平均コンタクト回数に差がないかを確認してみましょう。先ほど作成したシート「顧客区分別平均コンタクト回数」を複製して、シート名を「地域別平均コンタクト回数」にします。その上で、列にある「顧客区分」を「地域」に変更します。表示されたグラフを確認すると先ほどと同様、地域で若干のばらつきはあるものの、大きな差はなさそうです。

●3-34_地域別平均コンタクト回数

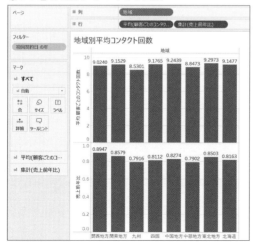

◀▶ ②変化がないか

続いて時系列推移を確認してみましょう。

少なくとも2021年は売上に問題はなかったが2022年に問題が起きています。これは時系列での問題を抱えているので、売上とコンタクトに何かしら関係があると考えているのであればコンタクト回数の時系列推移を把握しておくのは非常に重要です。それでは、さっそく作っていきましょう。

新しいシートを開き、列に「コンタクト日」、行に「コンタクト回数」を入れます。シート名も「コンタクト回数の時系列推移」に変更しておきましょう。また、マークカードの中にあるラベルをクリックして、「マークラベルの表示」のチェックボックスにチェックを入れましょう。また、このままでは少し分かりにくいので月まで見られるようにしましょう。操作方法は覚えていますか。「年」の横のプラスをクリックすると、四半期が現れます。四半期が表示されたらそちらを右クリックして「月」を選択します。

▼ コンタクト回数の時系列推移（月ごと）

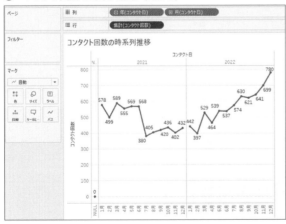

その結果、2021年の6月から7月で大きくコンタクト回数が激減しています。今回のようなビジネスモデルの場合は、契約が切れるまでの期間があるので、問題が発生してもすぐに売上の数字に表れず、タイムラグがあると考え

られます。まだ断定はできませんが、やはりコンタクト回数が影響していそうです。

　ここから少し、売上に問題がある既存顧客かつ役職が社員（一般社員）を見ていきましょう。今のグラフは既存顧客以外（2022年の新規顧客）も含まれているため先ほどと同様にフィルターを追加しましょう。「初回契約日 の年」をフィルターにドラッグ＆ドロップします。ウインドウが表示されたら、2022以外をチェックしてOKを押します。「コンタクト回数」など今回のグラフではFIXEDを利用していないため、フィルターのコンテキストへの追加操作は不要です。

▼コンタクト回数の時系列推移へのフィルターの追加

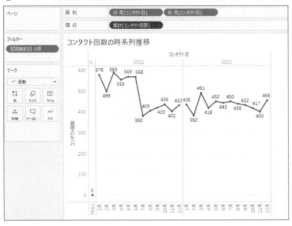

　これを見るとやはり既存顧客へのコンタクト回数は下がっています。では、役職ごとに時系列推移を確認してみましょう。このコンタクト回数の減少を支配している要因が社員であればほぼ間違いなくコンタクト回数に問題があると考えられますね。

　念のため、シートを複製してから進めましょう。シート名「コンタクト回数の時系列推移」を右クリックして、「複製」をクリックします。

● シートの複製

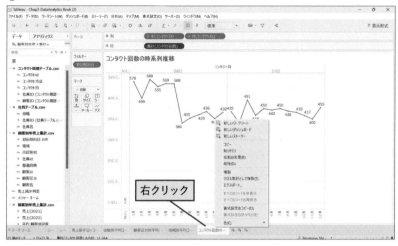

　シートが複製できたら、複製されたシートの名前を「役職別コンタクト回数の時系列推移」として進めます。やることはいたってシンプルで、「役職」をマークカードの色に入れます。

● 役職別コンタクト回数の時系列推移

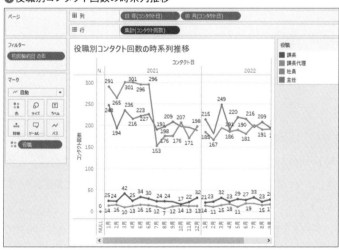

　役職別で見ると、主任も下がってはいるものの、ひと際目立つのがやはり社員のコンタクト回数でしょう。やはり、6月から7月のタイミングでコンタクト回数に影響する事象があり、それが契約に影響してレンタル契約が切れるタイミングで売上減少として表出化してきたと考えられます。また、特に社員（一般社員）で顕著な傾向があるようです。このような顕著な傾向は分析結果の報告時に有識者に伝えて「なぜこのタイミングで下がっているか思い当たる点があるか」など確認することで何かしら有力な仮説が得られる可能性が高いです。今回も分析報告時に忘れずに伝えるようにしましょう。

◆③パターンがないか

　ここまでの分析でコンタクト回数の低下が売上減少につながった可能性が高いことが分かりましたが、どの程度のコンタクト回数が必要になるのでしょうか。売上が減少している顧客とそうでない顧客の切り口で、コンタクト回数と顧客満足度の関係性を見ていくことでヒントが見つかるかもしれません。それでは分析を進めてみましょう。まず、売上減少している顧客とその他の顧客で区分を作成していきます。

　「売上(2021)」を右クリックして、「作成」→「計算フィールド」で、計算フィールドを作成します。計算フィールドの名前は「売上減少判定」にしましょう。

```
IF [売上(2022)]<[売上(2021)] THEN "売上減少"
ELSE "売上増加・変動なし"
END
```

●売上減少判定の作成

数式はいたってシンプルですね。「売上(2021)」よりも「売上(2022)」の方が売上が小さかったら売上が減少している顧客です。それ以外の顧客はまったく同じか増加していますので、IF文の条件式を用いて減少判定を行っています。

では、「売上減少判定」を使って可視化を行っていきましょう。

まずは、「売上減少判定」の結果、どのくらいの顧客数が減少顧客なのかを把握しにいきます。新しくシートを追加して、行に「売上減少判定」を入れます。続いて顧客数を表示するための操作を行います。ここでは本章の前半で作成した計算フィールド「顧客数」を利用するでも問題がありませんが、操作方法の紹介も兼ねて今回は列に「顧客ID」を入れます。警告が出てくる可能性がありますが、「すべての要素を追加」で問題ありません。追加したら顧客IDを数える必要があるので、顧客IDの上で右クリックして、「メジャー」「カウント(個別)」をクリックして、顧客IDのユニークカウントを集計します。このような操作でも顧客数を表示することが可能です。

また、マークカードのラベルをクリックして、マークラベルの表示を忘れないようにしましょう。さらに、シート名は「売上減少顧客数」とします。

▼売上減少顧客数グラフの作成

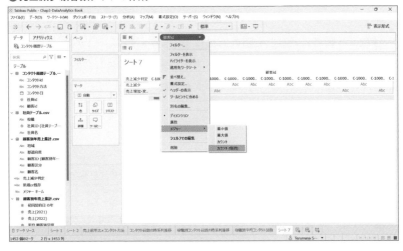

▼売上減少顧客数

　確認すると、売上増加もしくは変動なしの顧客数が673に対して、売上減少している顧客数は832となっており、売上減少している顧客の方が多いことがわかります。これはここまで見てきましたが2022年から売上が全体的に下がっているので納得の結果となっています。

　では、データの外観が把握できたところで、この売上減少判定とコンタク

ト回数および顧客満足度の関係を見ていきましょう。

　新しくシートを作成して、行に「売上減少判定」、列に「顧客ごとのコンタクト数」と「顧客ごとの平均顧客満足度」を入れます。このままだと、それぞれ合計されてしまうので平均に変更します。各メジャーを右クリックして平均に変更してください。「顧客ごとのコンタクト数」「顧客ごとの平均顧客満足度」の両方とも平均に変更が必要です。

▼売上減少判定とコンタクト回数および顧客満足度の作成

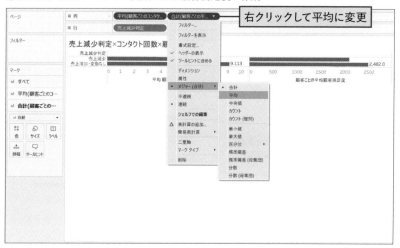

　さらに、マークカードのエリアで「すべて」のタブを選択してから、「ラベル」をクリックし「マークラベルを表示」をチェックして数字を表示させておきましょう。シート名は「売上減少判定×コンタクト回数×顧客満足度」とします。

● 売上減少判定とコンタクト回数および顧客満足度

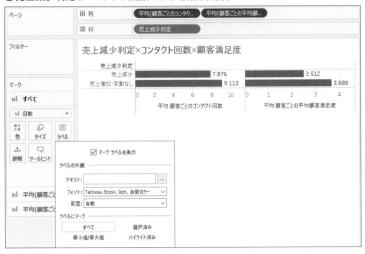

作成したグラフを確認すると、コンタクト回数と顧客満足度は同じような傾向で、売上減少している顧客ではコンタクト回数も顧客満足度も低くなっています。コンタクト回数は、売上減少顧客が約7.9回に対して、売上増加および変動なしの顧客では約9.1回となっています。顧客満足度は、売上減少顧客が約2.5に対して売上増加および変動なしの顧客では約3.7と高い数字を示しています。これらのことから、コンタクト回数と顧客満足度、そして売上の減少は密接に関係しており、売上減少の原因はコンタクト回数および顧客満足度にあるとみて間違いないでしょう。

では、コンタクト回数が多ければ多いほど満足度は伸びていくのでしょうか。もしそうでしたらとにかくコンタクト回数を増やしていくことが望ましいですが現実的にはリソースも無尽蔵ではありません。では、適正なコンタクト回数はどの程度なのでしょうか。コンタクト回数と顧客満足度の関係を見てみましょう。少し操作が複雑なのでゆっくり進めていきます。

まずは新しいシートを開きます。その後、列に「顧客ごとのコンタクト回数」、行に「売上減少判定」「顧客ごとの平均顧客満足度」をドラッグ＆ドロップしましょう。

▼売上減少判定×コンタクト回数×顧客満足度（詳細）の作成①

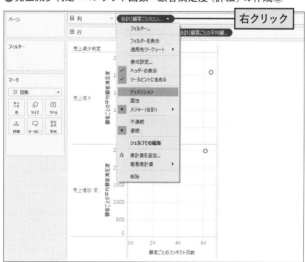

　これでは、コンタクト回数と売上前年比および顧客満足度の関係は見られませんね。そこで「列」のコンタクト回数を右クリックして「ディメンション」を選択し、ディメンションに変換しましょう。

▼売上減少判定×コンタクト回数×顧客満足度（詳細）の作成②

　横軸にコンタクト回数となっており、なんとなく見たいグラフに近づいてきましたが、まだ足りません。集計方法を合計から平均に変更します。行にある「顧客ごとの平均顧客満足度」を右クリックして、平均に変更します。

●売上減少判定×コンタクト回数×顧客満足度 (詳細) の作成③

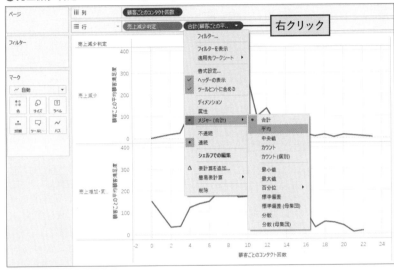

　さて、次は数字を表示していきます。数字の表示は基本的にはこれまでと同じように、マークカードのラベルをクリックして「マークラベルの表示」で大丈夫です。

🔻売上減少判定×コンタクト回数×顧客満足度（詳細）の作成④

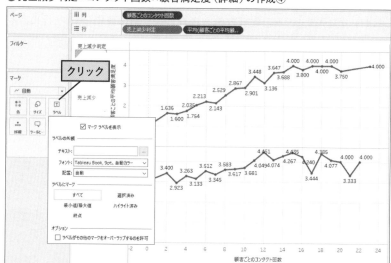

　最後にシート名の変更をしておきましょう。シート名は、「売上減少判定×コンタクト回数×顧客満足度（詳細）」にしておきます。

🔻売上減少判定×コンタクト回数×顧客満足度（詳細）

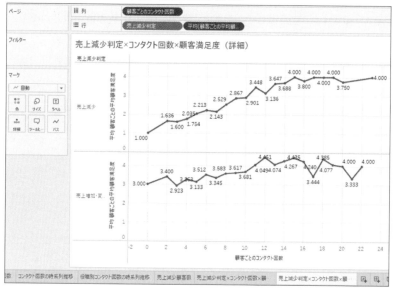

　これで、コンタクト回数と売上前年比および顧客満足度との関係を可視化できました。やはりコンタクト回数が増えれば増えるほど、顧客満足度や売上前年比は高くなっていきます。売上減少の顧客はコンタクト回数が2年で11回（1年で単純計算すると5.5回）あたりから顧客満足度は3を超え、その後もコンタクト回数が増加するにつれ顧客満足度は改善しています。しかし、2年で14～15回（1年で単純計算すると7～7.5回）を超えると、顧客満足度はこれ以上は上がらずほぼ変わりません。つまり、2年に14～15回、1年に単純計算すると7から7.5回以上のコンタクトをしても大きく満足度や売上が伸びるわけではないということです。もちろん顧客によってケースバイケースではありますし、より細かく分析することが望ましいですが、このように顧客へのコンタクト回数の目安が見つかると現場では適正化が行えるので非常に有用です。

　また、コンタクト回数が寄与しているということは、コンタクト間隔も何かしら傾向が見えるかもしれません。先輩社員に相談したところ、少し複雑な計算フィールドが必要になるためコンタクト間隔については先輩社員が分析してくれました。結果、売上減少している顧客の平均コンタクト間隔は約90日、それ以外の顧客では約50日と、やはり売上減少顧客のほうが平均コンタクト間隔は長いことが分かりました。分析例はサンプルのワークブックのシート「（参考）売上減少判定×コンタクト間隔」に掲載しておりますので興味のある方は確認してみてください。

　本書ではこれ以上可視化しませんが、役職が社員の担当顧客数なども確認するなども原因の特定には活きてくる可能性もあります。このように分析に終わりはなく、常に多角的な視点で可視化していくと、違う発見があるかもしれません。一方で、コストにも関わってくることなので、無尽蔵に可視化していくよりも施策に移れるだけの原因の特定ができたら次に移るのが良いでしょう。

分析結果を整理・活用しよう
<分析フェーズ5>

Business Intelligence Tools

それでは、ここまでに売上減少についてデータを分析して分かった点をまとめます。

- **データから確認できた点①**
- ◆ 顧客とのコンタクト方法（リモート、対面など）で売上前年比に違いは見られない

- ◆ ⇒①の解釈
- ◆ 売上減少はコンタクト方法以外が原因と考えられる。

- **データから確認できた点②**
- ◆ 売上減少の顧客はコンタクト回数が低い
- ◆ 売上減少の顧客はコンタクト回数が2年で11回（1年で単純計算すると5.5回）あたりから顧客満足度は3を超え、その後もコンタクト回数が増加するにつれ顧客満足度は改善するが、2年で14〜15回（1年で単純計算すると7〜7.5回）を超えてもあまり顧客満足度は変わらない（多ければいいというわけではない）
- ◆ 売上減少している顧客の平均コンタクト間隔は約90日、それ以外の顧客では約50日（先輩社員が分析）

- ◆ ⇒②の解釈
- ◆ 売上減少にコンタクト回数や間隔が影響している可能性が高く、コンタクト回数や間隔の適正化が必要

◆ データから確認できた点③

- ◆ 2021年7月から既存顧客のコンタクト回数が急激に減少し、その後の2022年1月から既存顧客の売上が減少している
- ◆ 特に役職が社員（一般社員）が顕著

- ◆ ⇒③解釈
- ◆ 2021年7月から2022年1月にかけて、特に役職が社員（一般社員）に影響する何かしらの問題が発生したと考えられる。

　以上の分析結果を営業に説明してヒアリングしたところ、急激にコンタクト回数が減少した2021年7月のタイミングで「新規顧客獲得のKPI」が追加されていたことが分かりました。追加で役職が社員（一般社員）にヒアリングしたところ、新規顧客獲得に注力するあまり、既存顧客へのコンタクトが後回しになってしまっていたことが分かりました。

　その後、営業へのヒアリング結果も含めて分析結果を整理して、経営企画部門にコンタクト回数や間隔の適正化に向け対策の必要性について報告したところ、報告内容について納得するとともに「営業担当者など有識者を含めて対策について急ぎ検討を進めるが、分析の観点でも何か対策を検討できないか」との依頼を受けました。それでは次の章では分析を活用した対策を進めていきましょう。

　お疲れ様でした。ここまでで、3章は終了です。3章では、「原因の特定」を分析プロセスにそって進めてきました。2章で突き止めた「特に役職が社員の担当する既存顧客で売上が減少している」という課題をもとに、コンタクト履歴テーブルのデータ分析を行い、売上減少の原因特定に取り組みましたね。原因追及ツリーなどを利用しながらなぜという視点で深掘りしてきましたが、一方で分析のプロセスは2章とほぼ同じと感じた方は多かったのではないでしょうか。目的が「原因の特定」であるという違いはあるもののヒアリングを通じて仮説を出した上でグラフを作成して仮説検証を進めたり、探索的にデータから深掘り分析を行うという基本的な流れは一緒です。

　技術面としては、Tableauでグラフを作る作業の復習も兼ねて取り組んでいただきました。1章、2章、3章と続けてTableauでのグラフ作成を行ってきたので、ほぼ意図通りにグラフを作成できるようになってきたのではないでしょうか。また、少し応用的な機能としてLOD表現を活用した分析についても取り組んでいただきました。LOD表現は慣れてしまうと非常に便利な機能です。Appendixでも解説していますので、ぜひこの機会に覚えてしまうことをおすすめします。さて、4章ではいよいよ施策としてダッシュボード作成も学んでいきます。ここまで学んできたTableauでの操作を基礎としつつも、もう1段レベルアップするところです。ダッシュボード作成は分析とはまた違った楽しみがあると感じています。是非楽しみながら4章を進めていってください。

分析を活用した対策を検討・実行しよう

　3章では原因の特定に向けて、**仮説検証型**および**仮説探索型**の2つのアプローチでデータ分析という客観的な観点から原因の特定を進めました。最初は「2021年の水準に売上を戻したい」というような粗い課題だったものが、2章や3章を通じて課題の絞り込みや原因の特定を進めることで、対処すべきポイントを明確にすることができました。4章では特定した原因に対する対策として、**ダッシュボード**の作成を進めていきます。

　ダッシュボード作成においても、基本となる分析プロセスは同じです。ダッシュボードを提供する目的や解決を目指す課題整理して、提供対象とする利用者や必要なデータ等の要件の整理（分析デザイン）を進めるなど、分析の大きな流れは変わらずに各分析フェーズの中で実施する内容が少し変わることになります。これまでの章でもTableauを利用して分析を進めてきましたが、Tableauはダッシュボードに関する機能が非常に充実しており、ツールの良さを発揮できる活用方法の一つです。4章ではダッシュボード作成前に整理が必要なポイントなどの段取りに加えて、Tableauを利用したダッシュボードの基本的な操作方法や、少し応用的なテクニックも含めて紹介していきます。ぜひ4章を通じてTableauを利用することで効果的なダッシュボードが比較的簡単に作れることを感じていただければと思います。

　なお、実際のビジネスケースではダッシュボードを作成した後に社内にダッシュボードを公開して活用してもらえるように推進していく取り組みを進めますが、このような新しいデジタル技術を活用した社内変革の取り組みは、なかなか社内に浸透せずに苦労するケースも多くあります。このあたりはデータ分析というよりはDXプロジェクトのマネジメントに近い領域のため詳しくは踏み込みませんが、取り組みで成功している企業のポイントなどについてこの章の最後にコラムとして掲載しておりますので、そちらを参照ください。

　また、今回のケースでは既に社内に自社の社員であればWebブラウザでアクセスできるTableau基盤（Tableau Serverを利用した基盤）がある前提で解説を進めていきます。Tableau基盤について深く学びたい方は、Salesforce社が提供する研修やオンラインマニュアル等をご確認いただければと思います。

分析プロセス

凡例 フェーズ

分析目的や 課題の整理 (どのような 料理が食べ たいか確認)	分析 デザイン (どのような 食材や調理法 で作るか)	データ 収集・加工 (食材を集め 下ごしらえ)	データ 分析 (準備した 食材で調理)	分析結果の 活用 (盛り付けて 提供)

()内は料理に例えた場合のイメージ

課題解決プロセス

課題の 発見 何が課題? (What)	課題の 絞り込み どこ? (Where、Who)	原因の 特定 なぜ? (Why)	4章 対策の 立案と実行 何をする? (How)
売上が2022年から 減少している	特に役職が社員の 担当する既存顧客で 売上が減少している	顧客とのコンタクト 回数や間隔が原因 で満足度や売上が 減少している	

⦿ あなたが置かれている状況

　3章において、既存顧客の売上が減少しているのかの原因の特定に向けてデータ分析を進めました。その結果、売上が減少している顧客はコンタクト回数が少ない傾向があり、満足度も下がっていることが分かりました。また、コンタクト間隔については先輩社員が分析した結果、売上が減少している顧客とその他の顧客ではコンタクト間隔に大きな差があることがありました。ただ、コンタクト回数が一定を超えると満足度は変わらないことから単純に増やせばいいというものではなく、顧客コンタクト回数や間隔の適正化を目指すことが重要そうだということも分かりました。以上の分析結果を経営企画部門に報告したところ「分析結果を踏まえて経営企画部門主導で顧客コンタクト回数や間隔の適正化に向けて対策を検討していくが、データ分析チームにもデータを活用した対策が考えてほしい」との依頼がありました。

◆ 先輩からのアドバイス

　ビジネス課題を解決するための対策としては様々な方法が考えられますが、序章でも触れましたようにそのうちの1つとしてデータ分析を活用した対策があります。

　データ分析を活用した対策とは、例えばダッシュボードを構築して必要な情報を一元的かつタイムリーにモニタリングできるようにしたり、問題の兆候検知などの予測モデルを構築してアウトプットされた予測情報をもとにプロアクティブな運用を実現したりする対策です。これらの対策はデータ分析の力がなければ実現が難しい対策であり、プロジェクト外の第三者から見てもデータ分析の価値が分かりやすいという特徴があります。もちろん、品質の高いダッシュボードや予測モデルを提供できることが大前提にはなりますが、データ分析の価値を感じてもらいやすいという点でお勧めの適用箇所です。

　一方で、2章や3章で実施した**問題の絞り込みや原因の特定に関するデータ分析**は、最終的なアウトプットである対策を導出する過程での貢献ということもあり、プロジェクト内のステークホルダーからは評価されたとしても、プロジェクト外の第三者から見ると分析の貢献が分かりにくい傾向があります。

　例えば、3章で「顧客とのコンタクト方法（リモート、対面など）が影響しているのでは」という仮説についてデータで検証を進めましたが、結果として特にコンタクト方法によって売上減少の差はないことを確認しました。これにより、例えば「コンタクト方法は原則対面にする」など誤った仮説に基づく対策を打たずに済み、より本質的な別の原因に対する対策を打つことができるようになったという点で意思決定の精度向上に貢献できたことになりますが、このような対策導出の検討過程での分析の貢献は最終的な対策だけを見るとなかなか伝わりません。特に経営層など上位役職への報告になるほど、報告ポイントは絞られ検討過程の説明は省かれがちですが、データ分析の成果をPRする必要がある場合においては、最終的な対策だけでなく対策を導出する過程での分析貢献についても意識的に説明に含めるよう心掛けるといいでしょう。

また、対策の検討に当たっては、どのような対策を打つのかというHowと合わせて、対策によって何を改善するのか、という点も指標として明確に定義しておくことが大事です。指標は最終的に達成したい指標（KGI）とそれに向けて中間的に達成したい指標（KPI）で分けて考える必要があります。

　今回のケースでは「売上を2021年と同水準まで戻す」という点が最終的に達成したい指標（KGI）であり、それに向けて中間的に達成したい指標（KPI）が3章で確認した「コンタクト回数や間隔の適正化」にあたります。改善したい指標を明確にしたうえで対策を検討・実施することで、対策実施後の効果を定量的に振り返ることができ、改善につなげることが可能になります。

分析の目的や課題を
整理しよう
＜分析フェーズ1＞

Business Intelligence Tools

　それではさっそくやっていきましょう。まずは今置かれている状況を整理し
つつ進めていきます。

　依頼を踏まえてデータ分析チームで分析を活用した対策を検討した結果、
顧客のコンタクト状況を可視化したダッシュボードを提供し、営業担当者が
コンタクト回数やコンタクト間隔などの情報を一元的かつタイムリーに確認し
て顧客のコンタクト計画を立てることができるようにする案を整理して提案し
ました。

　その後、経営企画部門でその他の対策案も含めて、想定効果や実現性、
コスト、期間の観点で評価を行うとともに、対策案の採否や優先順位、対
策を主管する部門について整理しました。結果として、若手社員を中心に情
報共有・ノウハウ共有会で意識変革を図る対策とあわせて、継続的なモニタ
リングの施策として、データ分析チームが提案した顧客のコンタクト状況を可
視化したダッシュボードも対策として採用され、営業部門と連携して取り組み
を進めることになりました。あなたは引き続き、データ分析チームの担当者と
してアサインされました。それではダッシュボードの作成を進めていきましょ
う。

●対策の整理の例

対策案	対策概要	評価								採否	対策主管	優先度
		想定効果		実現可能性		コスト		期間				
売上減少に関する情報共有・ノウハウ共有会の開催	特に若手社員に向け、売上減少に関する分析結果の共有や、各営業が持っているノウハウを共有する	意識醸成にはつながるが継続的な効果は不明	△	過去に同様な会の実績はある	○	今回の分析結果を流用するなど、準備に稼働をかけず開催する	○	期間はかからない（既存資料の流用や簡易な報告資料にとどめる）	○		経営企画部門営業部門	1
コンタクト時間確保に向けた営業の業務効率化検討WGの立ち上げ	部門横断でWGを立ち上げ業務のムリ・ムダ・ムラを検討して対策を検討	部門横断での効率化検討により一定の効果が見込める	△	有効な取り組みにするために、各部門の有識者を確保する必要がある	△	検討やWG参加に一定以上の稼働がかかる	△	WGの立ち上げや対策の検討・立案・実行には数カ月かかる	△	×	ー	ー
顧客コンタクト状況ダッシュボード提供	営業がダッシュボードで顧客のコンタクト回数や間隔を簡単に確認し、コンタクト計画を立てられるようにする	営業が簡単に状況を把握でき、継続的な効果が期待できる	○	既存のTableau基盤を活用することで実現可能	○	ダッシュボードを作成・運用するコストが必要	○	ダッシュボード作成・確認・改善に数カ月必要	○		営業部門データ分析チーム	2

▶現状とあるべき姿

　まずダッシュボードの作成する目的を改めて確認するために、あるべき姿と現状を整理してみましょう。

- ◆ あるべき姿（最終ゴール）：レンタル事業の売り上げが2021年の水準に回復する
- ◆ 現状：顧客との「コンタクト回数」や「コンタクト間隔」が適正でなく、顧客満足度が低下し売上減少につながっている可能性が高い

　3章では、なぜ「既存顧客」かつ役職が社員の担当する顧客で売上が減少しているのかを分析で明らかにすることに取り組み、「コンタクト回数」や「コンタクト間隔」が売上減少の原因になっている可能性が高いことを突き止めることができました。あるべき姿と現状のギャップが更に縮まり、明確になった原因に対して対策を打つことができそうです。そこで次のステップとして「コンタクト回数やコンタクト間隔を適正化する」ことを目的として、分析観点で貢献すべく営業社員が「コンタクト回数」や「コンタクト間隔」を簡単に把握し営業コンタクトで活かせるダッシュボードを提供しきたいと思います。

分析のデザインをしよう
＜分析フェーズ2＞

Business Intelligence Tools

　ダッシュボードの目的が整理できたら、利用者やデザイン方針などダッシュ
ボード要件の整理を進めていきましょう。

▶利用シーンと活用イメージ

　作成するダッシュボードをいつ、誰が、どのような業務プロセスで利用する
のかを整理します。

　今回は、営業部門と相談した結果、営業担当者が意識的に顧客にコンタ
クトできるようコンタクト状況を簡単に確認できるダッシュボードを提供する
ことで、コンタクト回数や間隔の適正化を進めることができるようにすること
にしました。また、営業担当者が週の初めに該当週の予定確認および翌週
以降のコンタクト計画を立てるタイミングがあるため、そのタイミングでダッ
シュボードを参照し、もしKPIに設定した閾値に該当する顧客がいればコン
タクト計画を見直すなどのアクションをとることにしました。なお、KGI (売上
が2021年水準まで回復) に向けたKPI (コンタクト回数や間隔) の閾値につ
いては、分析結果を踏まえながら経営企画部門や営業と協議し、以下の値
を目指すことにしました。また、閾値は今後の状況を見ながら見直せるように
パラメーターとして値を変更できるようにすることにしました。

- ◆ コンタクト回数：5回/年以上、10回/年以下
- ◆ コンタクト間隔：直近のコンタクト日から60日以内

▶利用者とアクセス制限

　ダッシュボードの利用者についてアクセス可否や参照可能な情報の範囲などのアクセス制限について検討します。

　今回のダッシュボード利用者は営業担当者ですが、確認したところ今回利用するデータは自社の社員であれば参照が許されている情報でした。今回は自社の社員であればWebブラウザでアクセスできるTableau基盤を利用するため、特にアクセスや参照可能範囲を絞るようなアクセス制御はかけないことにしました。

▶デザイン方針

　ダッシュボードデザインの方針を整理します。ダッシュボードのデザイン方針を考える上では「情報の量や粒度」と「操作の必要性」の2軸で整理してみることがお勧めです。図の左上はKPI指標などの重要指標が一元的に並んで表示され現在の経営状況のサマリがパッと確認できるようなシンプルなダッシュボードです。こちらは経営層やマネージャ層などの意思決定者が概況を把握し、不明な点があれば担当者に問い合わせるなどの利用方法が考えられます。また、図の右下は明細情報などの詳細も含めて多くのフィルター操作なども利用しながら状況を確認するようなダッシュボードです。こちらは該当領域の担当者が状況の詳細などを探索的に確認するような利用方法が考えられます。

▼ダッシュボードのデザイン方針の検討例

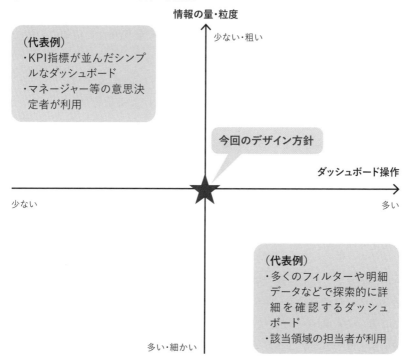

（代表例）
・KPI指標が並んだシンプルなダッシュボード
・マネージャー等の意思決定者が利用

今回のデザイン方針

情報の量・粒度
少ない・粗い

ダッシュボード操作
少ない　　　　　　多い

多い・細かい

（代表例）
・多くのフィルターや明細データなどで探索的に詳細を確認するダッシュボード
・該当領域の担当者が利用

　今回は営業担当者が必要な情報を簡単に得られることを目的にしつつ、フィルター操作などでプラスアルファの情報を営業担当者が得られるようにしたいため、中間的なデザインのダッシュボードとして作成したいと思います。

▶表示する情報や条件

　まず、ダッシュボード上に表示するメジャー（数値項目）と比較観点を整理します。比較観点が必要な理由としては、現状と比較観点（目標値などのあるべき姿）のギャップが問題となりますが、比較観点がないとそれが分かりにくく、アクションにつながらないダッシュボードになりがちだからです。今回は、コンタクト情報（コンタクト回数、前回コンタクトからの経過日数、等）を表示するとともに、比較観点として目標とする閾値（コンタクト回数やコンタクト間隔の閾値、等）を表示するようにします。

　次に、ダッシュボード上のメジャーをどのようなディメンション（切り口）で表示するのかを整理します。今回は、顧客情報（顧客名、所在地等）や営業担当者情報（担当者名、役職等）とします。

　最後に表示条件について整理します。今回は基準日から1年以内のコンタクト履歴について情報を表示することとします。

▶ダッシュボードの共有方法

　作成したダッシュボードを共有する方法を検討します。本書はTableauの基盤面を解説する書籍ではないため詳細は割愛いたしますが、Tableauで作成したダッシュボードを共有する方法としては大きく下記の3つの方式が考えられます。

+ **Tableau Server**
   Tableau Server をインストールしたサーバーを構築して利用する方式です。利用者毎に参照範囲などのアクセス制限をかけながらセキュアにダッシュボードを共有することが可能です。利用者はWebブラウザ経由でアクセスすることができます。

+ **Tableau Cloud**
   Salesforce社が提供するSaaS型のクラウドソリューションを利用する方式です。 Tableau Server と同様に利用者毎に参照範囲などのアクセス制限をかけながらセキュアにダッシュボードを共有することが可能です。利用者はWebブラウザ経由でアクセスすることができます。

+ **Tableau Reader**
   Tableau Reader というソフトをローカルPCにインストールした上でTableau形式のファイル（twbxファイル）を読み込んで参照する方式です。Tableau Readerは無償で利用できるものの、Tableau形式の

ファイルはデータも含むファイルのため、ファイルが意図しない利用者に流出しないようセキュリティ面で注意が必要などの制約があるため、利用する場合は注意が必要です。なお、Tableau形式のファイル（twbxファイル）を作成するためには有償のTableau製品（Tableau Desktopなど）が必要になります。

　今回は、自社の社員であれば誰でもアクセス可能な既存のTableau Server基盤でダッシュボードを共有することで、営業担当者がWebブラウザ経由で自由に参照できるようにします。なお、序章の最後でも記載しましたように、本書では学習用途のためTableau Publicを利用していますが、セキュリティ面などの制約から実際の業務利用においてはTableau Publicは適さない点は十分に留意しましょう。

▶利用するデータと更新方法・頻度

　ダッシュボード表示に必要なデータと、データの更新方法・頻度について整理します。

　今回は3章で利用した下記テーブル情報を利用してダッシュボードを作成していきます。

- ◆ 顧客別年売上集計：顧客テーブルに、顧客ごとの2021年と2022年の売上情報を追加したデータ
- ◆ コンタクト履歴テーブル：どの顧客に、どの社員が、いつ、どのような方法でコンタクトしたのかを管理
- ◆ 社員テーブル：自社の社員の社員IDや社員名、役職を管理

　またデータの更新方法と頻度ですが、「利用シーンと活用イメージ」で整理したように、営業担当者が週の初めに該当週の予定確認および翌週以降のコンタクト計画を立てるタイミングがあり、そちらでダッシュボードを参照する運用となるため、それまでにデータを更新する必要があります。テーブルデー

タを管理するシステム管理部門と調整した結果、各週の最終営業日の午後に該当のテーブルデータを受領し、運用でデータを更新する運用とすることにしました。

▶成果物の整理

このフェーズで作成する成果物を整理します。

大規模なダッシュボード開発プロジェクトの場合は設計書などの各種ドキュメントの作成が必要になるケースがありますが、今回は小規模な取り組みということもあり、作成したTableau形式のファイル（twbxファイル）を成果物とするとともに、そのTableau形式のファイルを社内のTableau Serverにパブリッシュして利用することとします。

▶その他（体制/スケジュール/コストなど）

そのほかに分析を始める前の整理事項として、ダッシュボード作成中のレビューやリリース後のサポートなどの体制面や、各タスク（データ準備、ダッシュボード作成、レビュー日程（中間、最終等）など）をスケジュールとして整理するとともに、必要なコストがある場合は整理して、ステークホルダーと調整・合意をしておくことが必要ですが、プロジェクトマネジメントに近い領域のため本書では割愛します。

データの収集・加工をしよう
＜分析フェーズ3＞

Business Intelligence Tools

ダッシュボードの要件が整理できたところで、必要なデータを集めていきます。

今回は3章で利用した下記のテーブルを利用していきます。結合方法も3章と同様ですが、復習も兼ねて一緒に進めていきましょう。

- 顧客別年売上集計
- コンタクト履歴テーブル
- 社員テーブル

まずはTableau Publicを開いて、左のタブの中からテキストファイルを選択します。

そうすると、サブウインドウが開くので、あらかじめダウンロードしておいたサンプルデータのフォルダを指定して、今回の基礎データとなる顧客別年売上集計.csvを選択します。

そうすると顧客別年売上集計.csvの読み込みが完了します。

▼顧客別年売上集計.csvの読み込み

その後、画面中央に表示された「顧客別年売上集計.csv」をダブルクリックして、データを結合する画面に遷移します。

▼顧客別年売上集計の結合①

その後、2章と同様の操作でデータの結合を進めていきます。

まず左にファイルとして表示されている「コンタクト履歴テーブル.csv」を右にドラッグ＆ドロップした上で、顧客別年売上集計.csvに対して、コンタクト履歴テーブルを顧客IDで左結合します。結合キーについて、デフォルトでは社員IDなど別の項目になっている可能性がありますので、必ず確認して「顧

客ID」に変更しましょう。操作方法に迷う方は2章を参照してみてください。

　続いて、左にファイルとして表示されている「社員テーブル.csv」を右にド
ラッグ＆ドロップした上で、顧客別年売上集計.csvに対して、社員テーブル
を社員IDで左結合しましょう。こちらも結合キーがデフォルトで別の項目に
なっている可能性がありますので、必ず社員IDになっていることを確認して
適宜変更をしましょう。

▼顧客別年売上集計の結合②

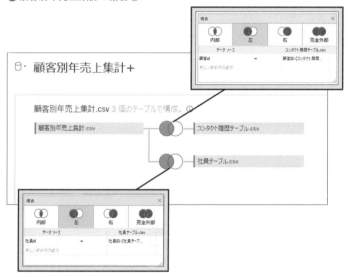

　3章と同様になりますが今回の結合では、顧客別年売上集計.csvに対して
コンタクト履歴テーブルを左結合しています。コンタクト履歴は1つの顧客に
複数回コンタクトした場合は複数レコードなりますので、結合結果も1つの顧
客に対して複数レコードとなっている可能性がある点を留意してください。

　それでは左下の「ワークシートへ移動」をクリックしてグラフ作成画面に移
動してください。こちらでデータ結合がうまくいったか、レコード件数の確認
をしていきます。

　まず、計算フィールドで「コンタクト回数」と「顧客数」というカラムを作成
していきます。

```
countd([コンタクトid])
```

▼計算フィールド「コンタクト回数」

```
countd([顧客id])
```

▼計算フィールド「顧客数」

　計算フィールド作成後に、Ctrl キーを押しながら左のデータペインにある「顧客別年売上集計.csv（カウント）」、「コンタクト回数」、「顧客数」を選択して右のグラフ表示エリアにドラッグ&ドロップすると、各カラムの値が表形式で表示されます。

● コンタクト数などのメジャーの追加操作

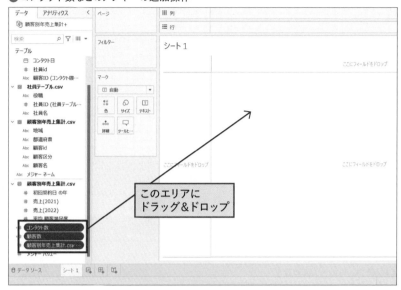

● コンタクト数などのメジャー追加後の画面表示

　こちらの値を確認していきます。まず、顧客数は顧客別年売上集計.csvの
レコード数である1505レコードと一致しますので正しそうです。一方で、デー
タのレコード件数である「顧客別年売上集計.csv（カウント）」は12,738件と
なっています。こちらは基本的にはコンタクト数と一致するはずですが、コン
タクト数とは52件の差分があります。これは、顧客の中でコンタクト履歴が
ない顧客がいるためと考えられます。念のため、計算フィールドを作成して確
認してみましょう。

　コンタクト履歴がないということはコンタクトIDがないレコードになります
ので、コンタクトIDがNullのレコード件数を確認してみましょう。

```
if isnull([コンタクトid]) then 1 else 0 END
```

▼計算フィールド「コンタクト履歴がない顧客数」

```
if isnull([コンタクトid]) then 1 else 0 end
```

計算は有効です。　　　　　　　　　　　　　　　　OK

　作成した計算フィールド「コンタクト履歴がない顧客数」をメジャーバ
リューの欄もしくはグラフ表示エリアにドラッグ＆ドロップすると値が表示され
ます。「コンタクト履歴がない顧客数」は52件と表示されており、「顧客別年
売上集計.csv（カウント）」と「コンタクト回数」の差分の52件と一致しますの
で、データは正しく結合されていそうです。

▼「コンタクト履歴がない顧客数」の追加操作

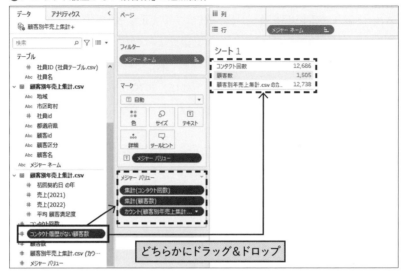

▼「コンタクト履歴がない顧客数」追加後の画面表示

　3章と同様のデータですので、今回は欠損値や代表値の確認は割愛しますが、2章や3章を思い出しながら復習として実施してみるのもいいでしょう。ここで保存をしておきます。左上の「ファイル」から「Tableau Publicに保存」をクリックして、ファイル名を入力して保存してください。ここでは「Chap4-DataAnalytics Book」として保存しました。

　それではデータの確認はできましたのでダッシュボードの作成を進めていきましょう。

データ分析を進めよう
＜分析フェーズ4＞

Section
4-4

Business Intelligence Tools

それでは続いてダッシュボード作成に進んでいきます。

ダッシュボードを作成する場合は最初から完璧なものを目指すのではなく、作ったものをユーザーにレビューしてもらい、指摘を踏まえて改善を進めるようなアジャイルなアプローチで作成を進めていくことが一般的です。そのため今回もまずはプロトタイプとなるダッシュボードを作成し、ユーザーレビューを踏まえて正式版のダッシュボードを作成する流れで進めていきたいと思います。

なお、効果的なダッシュボードを作成するために押さえておくべき考え方として**データビジュアライゼーション**というものがあります。これは、人間が直感的に理解しやすいグラフ形式や色味などの考え方をまとめたものになります。例えば、時系列の変化を見たい場合は折れ線グラフが適しているとか、ランキングを見たい場合は棒グラフがおすすめ、といった点などです。データビジュアライゼーションはそれ単体で書籍が書けるほど深い領域のため本書では詳しくはご説明しませんが、参考として、分析の目的別に推奨されるグラフ形式をまとめたドキュメントをFinancial TimesがGitHubに公開していますので参考としてURLを紹介します。興味のある方はこのようなドキュメントや、データビジュアライゼーションに関する書籍を参照いただければと思います。

◆ Visual-vocabulary（Financial Times）
https://github.com/Financial-Times/chart-doctor/blob/main/
visual-vocabulary/Visual-vocabulary-JP.pdf

▶プロトタイプダッシュボードを作成しよう

それでは、まずは完成イメージのような3つのグラフからなる顧客のコンタクト状況を確認するダッシュボードを作成していきたいと思います。

▼プロトタイプダッシュボードの完成イメージ

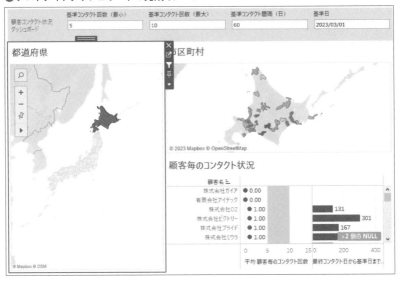

まずは、共通的に必要となるパラメーター項目を作成していきます。

パラメーター項目は4つを作成します。プロパティなどは画像を参照しながら設定してください。

- ◆「基準日」
- ◆「基準コンタクト間隔（日）」
- ◆「基準コンタクト回数（最小）」
- ◆「基準コンタクト回数（最大）」

◆「基準日」

　ダッシュボード全体で、表示の基準となる日にちを設定します。毎週のデータ更新のタイミングで、このパラメーターの日付もデータ更新日付に更新するような運用を想定しています。左側のデータペインの上部にある「▼」をクリックすると表示されるメニューから「パラメーターの作成」をクリックします。そうするとパラメータ作成画面が表示されます。こちらの操作は他のパラメーター作成でも同様です。その後、図のように名前やデータ型、現在の値を設定してください。名前は「基準日」、データ型は日付にして、現在の値は「2023/03/01」にしておきましょう。

▼パラメーター「基準日」

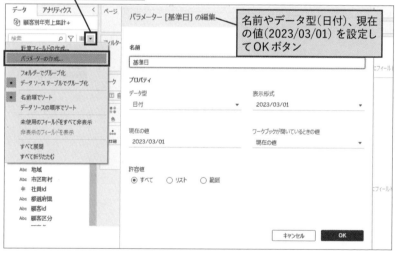

◆「基準コンタクト間隔（日）」

　コンタクト間隔を判定する際の基準となる日数を設定します。後ほど最終コンタクト日から基準日までの経過日数とこちらのパラメーターの日数を比較する際に利用します。パラメータ作成画面の表示は先ほどと同じ操作で表示します。また、名前は「基準コンタクト間隔（日）」、データ型は整数にして、現在の値は「60」にしておきましょう。

▼パラメーター「基準コンタクト間隔（日）」

◼️「基準コンタクト回数（最小）」

コンタクト回数を判定する際の下限値となる値を設定します。後ほど顧客毎にコンタクト回数が少なすぎないかを判定する際に利用します。名前は「基準コンタクト回数（最小）」、データ型は整数にして、現在の値は「5」にしておきましょう。

▼パラメーター「基準コンタクト回数（最小）」

221

◆「基準コンタクト回数（最大）」

コンタクト回数を判定する際の上限値となる値を設定します。後ほど顧客毎にコンタクト回数が多すぎないかを判定する際に利用します。名前は「基準コンタクト回数（最大）」、データ型は整数にして、現在の値は「10」にしておきましょう。

▼ パラメーター「基準コンタクト回数（最大）」

続いて計算フィールドを作成します。

◆「基準日から1年以内か」

ダッシュボード全体で、基準日から1年以内のコンタクト情報に対して平均コンタクト回数等を計算して表示するため、フィルターとして利用します。「コンタクト日」などを右クリックして「計算フィールドの作成」を選択してもいいですし、パラメーターと同様に左側のデータペインの上部にある「▼」をクリックして「計算フィールドの作成」を選択して作成を進めても大丈夫です。計算式は次の通りになります。

```
IF DATEDIFF('day',[コンタクト日],[基準日]) > 365 THEN '対象外'
ELSE '対象'
END
```

▼計算フィールド「基準日から1年以内か」

Memo DATEDIFF関数について

DATEDIFF関数を利用すると2つの日付フィールド間の日付の差（間隔）を求めることができます。最初にどの粒度（day,month,yearなど）で日付の差を出したいのかを指定し、次に開始日と終了日を設定することで、開始日から終了日までの日付の差を求めることができます。今回の計算フィールドでは「コンタクト日」とダッシュボードの表示の基準とする「基準日」の日付の差を日単位で算出しています。

　計算フィールド「基準日から1年以内か」を作成したら、新しいシートを開きます。続いてフィルターに作成した計算フィールド「基準日から1年以内か」を追加して「対象」のみに絞り込みます。

● 計算フィールド「基準日から1年以内か」のフィルター設定

　また、今回はすべてのグラフで「基準日から1年以内」に絞り込みたいため、「適用先ワークシート」は「このワークシートのみ」から「このデータソースを使用するすべて」に変更します。

● このデータソースを使用するすべてを選択

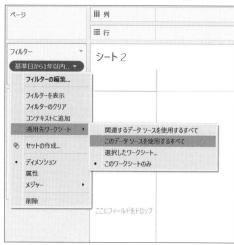

　また、グラフの中でFIXEDという関数を利用して、「顧客毎のコンタクト回数」など明示的に「顧客毎」の計算を行っていきますが、今回は「基準日から1年以内」に絞り込んだうえで「顧客毎」の計算を実施したい（例えば、1年以内の顧客毎のコンタクト回数を求めたいなど）ため、「コンテキストに追加」を選択し、どの集計計算よりも先に1年以内というフィルターをかけるようにします。「基準日から1年以内」を右クリックしてオプションから「コンテキストに追加」を選択します。（コンテキストフィルターといいます）。

　FIXEDなどの関数はLOD表現と呼ばれる少し特殊な関数ですが、使いこなすととても便利な関数です。より詳しく学びたい方はAppendixページを参照ください。

▼コンテキストに追加

　続いて、グラフで利用する指標として2つ計算フィールドを作成していきます。

　計算フィールド「顧客毎のコンタクト回数」は顧客単位でコンタクト回数を算出した上で、都道府県という顧客単位とは別の粒度の地図グラフで表示したいため、明示的に計算の粒度を設定するFIXEDを利用して計算していきます。

```
{FIXED [顧客id]:COUNTD([コンタクトid])}
```

●顧客毎のコンタクト回数

続いて「最終コンタクト日から基準日までの日数」について計算フィールド
を作成します。MAX関数を利用することで、MAXの「コンタクト日」、つま
り最終コンタクト日から基準日までの日数を計算できるようにしています。ま
た、こちらは顧客粒度のグラフで用いるためFIXEDは利用せずに計算して
いきます（FIXEDを利用して顧客単位で明示的に計算しても問題ありませ
んが、利用するグラフが顧客粒度のためFIXEDを利用しなくとも自ずと顧
客粒度で計算されます）。

```
DATEDIFF('day',MAX([コンタクト日]),[基準日])
```

●最終コンタクト日から基準日までの日数

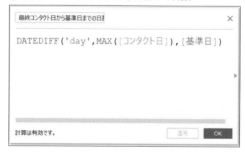

これでグラフを作成する準備が整いました。それではダッシュボードを構
成する3つのグラフを作成していきましょう。

▶グラフ① 顧客毎の平均コンタクト回数 （都道府県単位の地図）

　まずは、地図表示のためにディメンション「都道府県」について地理的役割を付与していきます。地理的役割を付与するというと難しく聞こえますが、「都道府県」を右クリックしてオプションから「地理的役割」→「都道府県/州」を選択するだけです。こちらで元は「東京都」などのテキストの文字情報だったものがTableau側で自動的に緯度経度変換してくれます。

🔻都道府県への地理的役割の付与

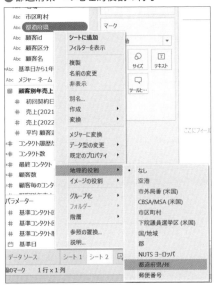

　同様にディメンション「市区町村」について地理的役割を付与していきます。「市区町村」を右クリックしてオプションから「地理的役割」→「群」を選択するだけです。Tableauの仕様で市区町村の地理的役割の付与は「地理的役割」→「市区町村」ではなく、「地理的役割」→「群」とする必要がある点に留意しましょう（ややこしいですが、日本の市区町村が海外での群に相当するというTableauの仕様上の考えから、そのようになっています）。

　こちらで元は「千代田区」などのテキストの文字情報だったものがTableau側で自動的に緯度経度変換してくれます。

●市区町村への地理的役割の付与

　地理的役割の付与が完了したら、都道府県や市区町村の横のアイコンが地球儀のようなアイコンに変化していれば設定が完了したことになります。それでは「都道府県」をグラフ表示エリアにドラッグ＆ドロップしてみてください。

●都道府県の可視化

　そうすると地図表示になり、「都道府県」が各都道府県の位置でプロットさ

れます。

続いて先ほど作成した「顧客毎のコンタクト回数」をマークカードの「色」にドラッグ＆ドロップします。

▼「顧客毎のコンタクト回数」の色への追加

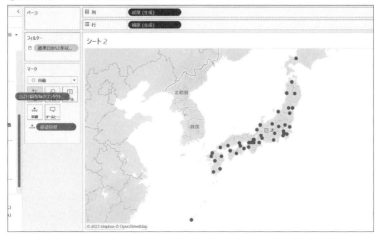

その後、色に設定した「顧客毎のコンタクト回数」の集計方法を平均に変えます。右クリックして「メジャー」→「平均」を選択することで変更することができます。

▼平均への変更

こちらで1つ目のグラフは完成しました。左下のシート名を「都道府県」と変更しておきます。

▼ シート名を「都道府県」に変更

名前を「都道府県」に変更

その後、左下のシート名「都道府県」を右クリックして「複製」を選択します。そうすると今作成したシート「都道府県」が複製され新しいシートが作成されます。

▼ シートの複製

▶ グラフ② 顧客毎の平均コンタクト回数 （市区町村単位の地図）

複製されたシートに対して、「市区町村」をマークカードの「詳細」に追加します。そうすると地図の表示粒度が市区町村になります。

◉ 市区町村の可視化

市区町村表示になったら、左下のシート名を「市区町村」に変更します。こちらで2つ目のグラフが完成しました。

231

▼シート名を「市区町村」に変更

▶グラフ③ 顧客毎のコンタクト回数・最終コンタクト日からの経過日数（一覧形式）

　続いて3つ目のグラフを作成します。新しいシートを開いて、図のように列に「顧客毎のコンタクト回数」と「最終コンタクト日から基準日までの日数」、行に「顧客名」を設定します。「顧客名」を追加する際に警告メッセージが表示されることがありますがその場合は「すべての要素を追加」を選択します。

　その後、「顧客毎のコンタクト回数」の集計方法は「平均」に変更します。また、マークカードのエリアで「すべて」のタブを選択してから、「ラベル」を選択し「マークラベルの表示」にチェックをいれます。そうすると棒グラフの横に数値が表示されます。

●顧客毎のコンタクト回数・最終コンタクト日からの経過日数の作成①

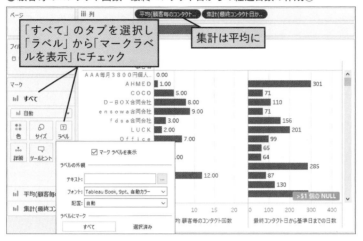

また、平均（顧客毎のコンタクト回数）は棒グラフではなく、●で表示したいため、マークカードで「平均（顧客毎のコンタクト回数）」を選択し、プルダウンからグラフ形式を「円」を選択します。

●顧客毎のコンタクト回数・最終コンタクト日からの経過日数の作成②

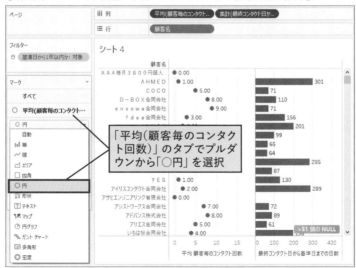

233

　また、基準コンタクト回数などの基準値をグラフに表示したいため、グラフ下部の軸のエリアを右クリックし、リファレンスラインの追加を選択します。

▼顧客毎のコンタクト回数・最終コンタクト日からの経過日数の作成③

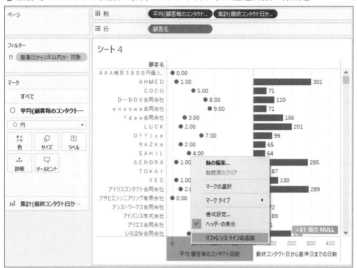

　リファレンスラインの設定は図のように実施します。今回は最小値から最大値の幅で表示したいため「バンド」、範囲は表全体として一つのバンドを表示したいため「表全体」を選択します。また、値は起点として「基準コンタクト回数（最小）」、バンドの終点として「基準コンタクト回数（最大）」を設定します。こちらで最初のほうで作成した同名のパラメーターの値でバンドを表示することができます。またラベルは「なし」を選択しておきましょう。

● リファレンスラインの設定①

● 顧客毎のコンタクト回数・最終コンタクト日からの経過日数の作成④

続いて「最終コンタクト日から基準日までの日数」についても基準となるコンタクト間隔の日数についてリファレンスラインを追加していきます。グラフ下部の軸のエリアを右クリックし、リファレンスラインの追加を選択します。

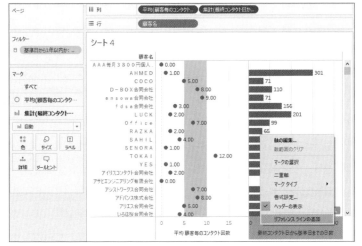

　リファレンスラインの設定は図のように実施します。今回は一本の線で表示したいため「線」、範囲は表全体として1つの線を表示したいため「表全体」を選択します。また、線の値は「基準コンタクト間隔（日）」を設定します。こちらで最初のほうで作成した同名のパラメーターの値で線を表示することができます。またラベルは「なし」を選択しておきましょう。

🔻リファレンスラインの設定②

　続いて、リファレンスラインで追加した基準値から外れた場合は「基準外」として色を変えられるよう、計算フィールドを作成していきます。まずは顧客毎のコンタクト回数に関する判定です。

　図のように顧客毎のコンタクト回数が基準値以内かを判定する計算フィールドを作成します。少し複雑に見えますが実施していることはシンプルで、パラメーターで設定した「基準コンタクト回数（最小）」と「基準コンタクト回数（最小）」の間に「顧客毎のコンタクト回数」が入っているかを判定し、入っていれば基準内、入っていなければ基準外というテキストを返却しています。

```
IF  ［基準コンタクト回数（最小）］<=AVG(［顧客毎のコンタクト回数］) AND
    AVG(［顧客毎のコンタクト回数］)<=[基準コンタクト回数（最大）]  THEN '基準内'
ELSE '基準外'
END
```

▼計算フィールド「顧客毎のコンタクト回数判定」

　作成した計算フィールド「顧客毎のコンタクト回数判定」について、マーク
カードの「平均（顧客毎のコンタクト回数）」を選択した上で、色にドラッグ＆
ドロップします。そうすると、「平均（顧客毎のコンタクト回数）」のグラフに
「基準内」「基準外」で色を付けることができました。

▼コンタクト回数判定による色分け

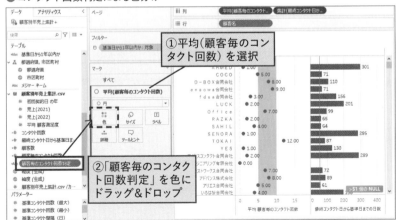

マークカードの色をクリックし、「基準外」は青色、「基準内」は灰色となるよう変更します。

▼ コンタクト回数判定「基準内」「基準外」の色変更

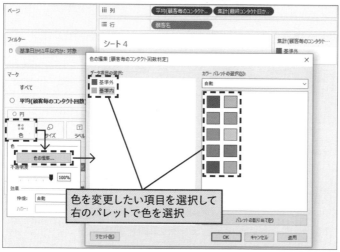

同様にコンタクト間隔についても判定する計算フィールドを作成します。こちらは先ほどよりもシンプルで、「最終コンタクト日から基準日までの日数」がパラメーターで設定した「基準コンタクト間隔（日）」以内かを判定し、以内であれば基準内、それ以外であれば基準外というテキストを返却しています。

```
IF [最終コンタクト日から基準日までの日数] <= [基準コンタクト間隔（日）] THEN '基準内'
ELSE '基準外'
END
```

🔻計算フィールド「コンタクト間隔判定」

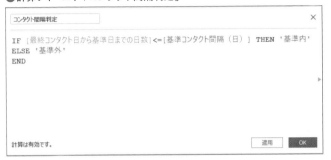

作成した計算フィールド「コンタクト間隔判定」について、マークカードの「集計（最終コンタクト日から基準日までの日数）」を選択した上で、色にドラッグ＆ドロップします。そうすると、「集計（最終コンタクト日から基準日までの日数）」のグラフに「基準内」「基準外」で色を付けることができました。

🔻コンタクト間隔判定による色分け

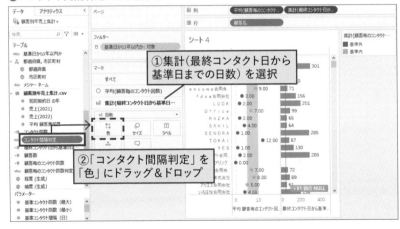

こちらもマークカードの色をクリックし、「基準外」は青色、「基準内」は灰色となるよう変更します。

▼コンタクト間隔判定「基準内」「基準外」の色変更

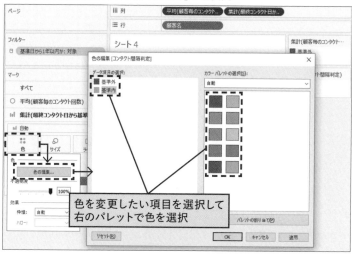

　最後にグラフ「平均 顧客毎のコンタクト回数」について昇順にソートします。軸のエリアを左クリックして表示されたソートアイコンをクリックすることで昇順にソートすることが可能です。

▼グラフのソート

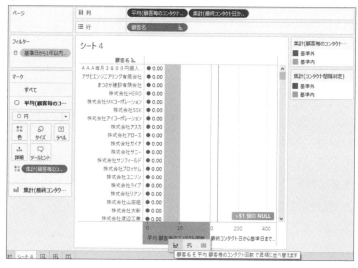

完了したら、シート名を「顧客毎のコンタクト状況」に変更します。これで3つのグラフの作成が完了しました。

●シート名を「顧客毎のコンタクト状況」に変更

▶ダッシュボードの作成

それでは作成した3つのグラフを利用してダッシュボードを作成していきましょう。まず下部のシートの横にある3つのボタンの真ん中にある「新しいダッシュボード」ボタンをクリックします。そうするとダッシュボード作成画面に移動します。

●新しいダッシュボードの追加

続いて左上にある「サイズ」のプルダウンをクリックし「自動」を選択します。

●ダッシュボードサイズの設定

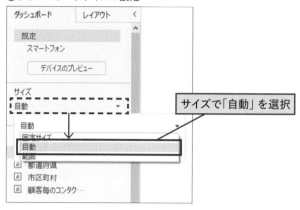

続いて、左下の「オブジェクト」から「水平コンテナ」を右のエリアにドラッグ&ドロップします。こちらはレイアウトコンテナという機能で、グラフ表示を整えるために便利なため今回利用します。その後、シートから「都道府県」を右のエリアにドラッグ&ドロップします。操作の順番として、まず<u>「水平コンテナ」をドラッグ&ドロップしてから、次にシート「都道府県」をドラッグ&ドロップの順番になりますので気を付けましょう。</u>

●都道府県シートの追加

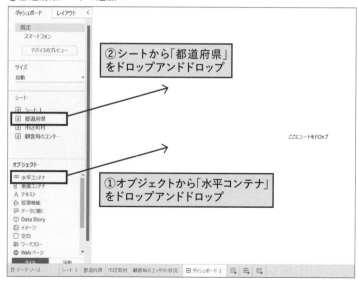

　続いて、左下の「オブジェクト」から、今度は「垂直コンテナ」のレイアウトコンテナを都道府県のグラフ内の右側にドラッグ＆ドロップします。

●垂直コンテナの追加

　追加した「垂直コンテナ」のレイアウトコンテナにシート「市区町村」と「顧客毎のコンタクト状況」をドラッグ＆ドロップして追加します。

●「市区町村」「顧客毎のコンタクト状況」の追加

243

　続いて、先ほど追加した「都道府県」のグラフをクリックし右上の「▼」ボタンを押下します。表示されたオプションの「パラメーター」にカーソルを当てると、グラフで作成した4つのパラメーターが表示されます。こちらをすべてクリックします（1度にクリックできないため4回実施します）。

▼ パラメーターの追加

　続いて上部のタイトル欄を作成するため、オブジェクトから「水平コンテナ」を上部に追加します。

▼ タイトル用の「水平コンテナ」の追加

その後、右下に追加された4つのパラメーターを、先ほど追加した「水平コンテナ」のレイアウトコンテに1つずつドラッグ＆ドロップで追加します。

▼4つのパラメータの移動

続いて、オブジェクトから「テキスト」を先ほど追加した「水平コンテナ」のレイアウトコンテにドラッグ＆ドロップで追加します。

▼テキストの追加

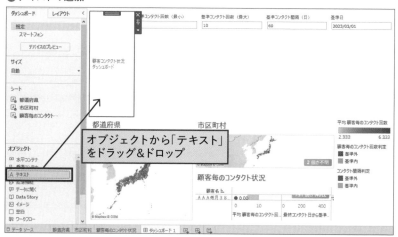

テキストの文言として「顧客コンタクト状況ダッシュボード」と入力します。「状況」の文言のあとに適宜改行を入れるといいでしょう。その後、OKボタンを押します。

▼テキストの編集

追加したテキストを選択し、表示された上部のタブをダブルクリックします。そうするとテキストが格納されたレイアウトコンテナを選択することができます。

▼レイアウトコンテナの選択

その状態で左上の「レイアウト」タブを選択し、「バックグラウンド」の色を薄い灰色に変更します。こちらで上部のレイアウトコンテナの背景色を変えることができました。

● レイアウトコンテナの編集

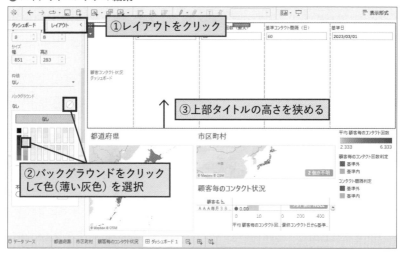

最後に右に表示されている色の凡例などを×ボタンを押して削除します。こちらで全体のレイアウトは整いました。

● 不要なレイアウトの削除

　続いて、グラフをクリックした際のアクションを設定していきます。上部の「ダッシュボード」から「アクション」をクリックします。

▼アクションの選択

　アクションを設定する画面の左下の「アクションの追加」から「フィルター」を選択します。そうするとアクションの設定画面が表示されます。

▼都道府県フィルターアクションの追加

　図のようにアクションの設定を行います。設定項目が多いですが、間違えないようにしましょう。名前は「都道府県フィルター」、ソースシートは「都道府県」、アクション実行対象は「選択」、ターゲットシートは「市区町村」と「顧客毎のコンタクト状況」、選択項目をクリアした結果は「すべての値を表示」、フィルターは「選択したフィールド」でソースフィールドとして「都道府県」を設定します。設定が終わったら右下の「OK」ボタンを押します。こちらの設定を行うことで「都道府県」の地図のグラフをクリックすると、クリックした都道府県で他のグラフが絞り込まれて表示することができるようになります。

▼ 都道府県フィルターアクションの設定

　もう一つアクションを追加していきます。左下の「アクションの追加」をクリックし「フィルター」を選択します。そうすると新しいアクションの設定画面が表示されます。

●市区町村フィルターアクションの追加

　図のようにアクションの設定を行います。先ほどと同様に設定項目が多いで
すが、間違えないようにしましょう。名前は「市区町村フィルター」、ソースシー
トは「市区町村」、アクション実行対象は「選択」、ターゲットシートは「顧客
毎のコンタクト状況」、選択項目をクリアした結果は「すべての値を表示」、
フィルターは「選択したフィールド」でソースフィールドとして「市区町村」を設
定します。設定が終わったら右下の「OK」ボタンを押します。こちらの設定を
行うことで「市区町村」の地図のグラフをクリックすると、クリックした市区町
村で「顧客毎のコンタクト状況」のグラフが絞り込まれて表示することができる
ようになります。

● 市区町村フィルターアクションの設定

設定が終わったら「OK」ボタンを押してアクションの編集を完了します。
「OK」ボタンを押さないとこれまで設定したアクションが保存されませんので
注意しましょう。こちらでダッシュボードの作成が完了しました。

● アクションの設定完了

251

試しにダッシュボードで、左側に表示されている「都道府県」の地図で北
海道をクリックします。そうすると北海道で他のグラフが絞り込まれて表示さ
れます。

●都道府県でのアクション

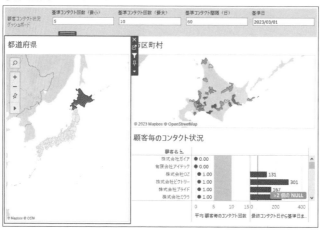

続いて、右上の市区町村のグラフをクリックします。そうすると右下の顧客
毎のコンタクト状況のグラフが該当の市区町村で絞り込まれて表示されます。

●市区町村でのアクション

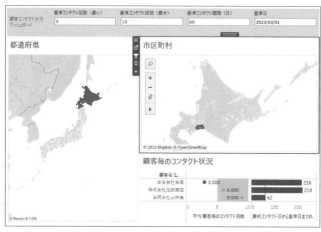

　フィルターを解除したい場合は、フィルターで利用したグラフをもう一度クリックすることでフィルターが解除されます。

　なお、最初は都道府県の地図グラフのみを表示して、クリックすると右の2つのグラフが表示されるようにすることも可能です。

　まず準備として右の「市区町村」および「顧客毎のコンタクト状況」の2つのグラフのタイトル部分を順に右クリックしタイトルを非表示にします。

⚫タイトルの非表示化

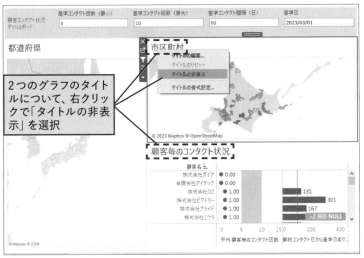

　続いて上部の「ダッシュボード」から「アクション」をクリックし、「都道府県フィルター」を選択し「編集」ボタンを押下します。

●都道府県フィルターの編集を選択

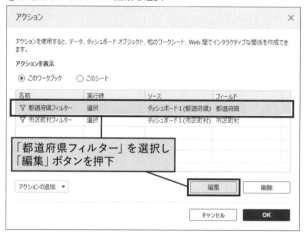

　アクションの設定で右下の「選択項目をクリアした結果」について「すべての値を除外」を選択し、「OK」ボタンを押下します。

●都道府県フィルターの編集

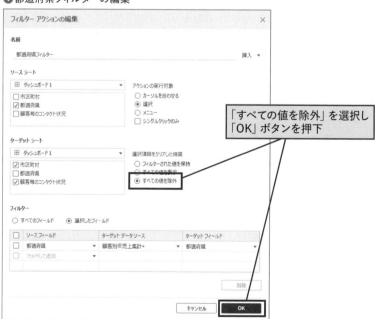

　その後、アクションの画面で「OK」ボタンを押さないと編集した結果が反映されないので注意しましょう。

● アクションの編集完了

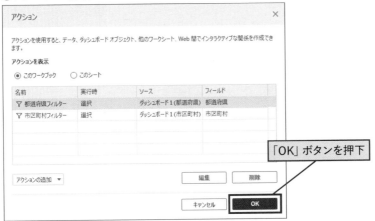

「OK」ボタンを押下

　こちらで実施後にダッシュボード上で操作を行うと、都道府県をクリックすると右の2つのグラフが表示されるようなダッシュボードに変更することができます。最後に都道府県のグラフタイトルを「顧客毎の平均コンタクト回数」と変更しておきましょう。こちらでダッシュボードは完成です。もしダッシュボードのアクションが正しく動作しない場合は、以下の点に誤りがある場合が多いため確認してみましょう。また、秀和システムのサポートページにワークブック例が掲載されていますので、ダウンロードしてそちらと比較いただくことも可能です。

- ◆ アクションの設定が記載の通りに設定されていない
- ◆「水平コンテナ」や「垂直コンテナ」の中にグラフが格納されていない
- ◆ グラフのタイトル非表示の設定がされていない

▼グラフタイトルの編集

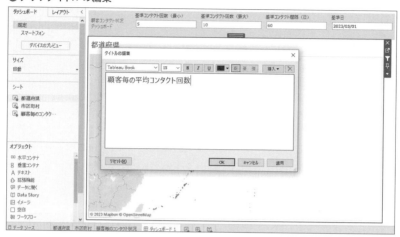

▶ユーザーに確認してもらおう

　作成したプロトタイプダッシュボードはユーザーなどに実際に操作してもらい意見をもらいブラッシュアップを進めることが大事です。特にTableauのようなBIツールは簡単にダッシュボードを作成して動作する実物のダッシュボードに触っていただくことが可能なため、実際に操作してもらいながら具体的な改善の意見を引き出して改善を進められることができることが利点です。

　今回もプロトタイプダッシュボードを操作してもらったところ「営業が自身の状況を把握するために、社員名や役職でフィルターして確認できるようにしてもらいたい」という意見がでました。こちらを踏まえてプロトタイプダッシュボードをブラッシュアップしていきます。

▶正式公開に向けダッシュボードを修正しよう

ユーザーレビューの結果を踏まえ、ダッシュボードに以下の要素を追加していきます。

- シート「顧客毎のコンタクト情報」に「社員名」と「役職」を追加
- ダッシュボード上部に「社員名」と「役職」のフィルターを追加

まずシート「顧客毎のコンタクト情報」に「社員名」と「役職」を追加していきます。ダッシュボードで北海道などをクリックして3つのグラフを表示します。その後、「顧客毎のコンタクト情報」のグラフをクリックし、「シートに移動」アイコンをクリックします。左下に表示されているシート名「顧客毎のコンタクト情報」をクリックでも問題ありません。

🔻シートに移動

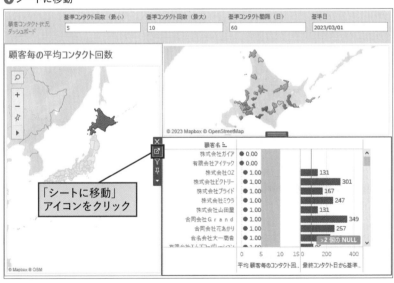

シート「顧客毎のコンタクト情報」に移動したら、フィルターと行に「社員名」と「役職」を追加します。

▼「社員名」「役職」の追加

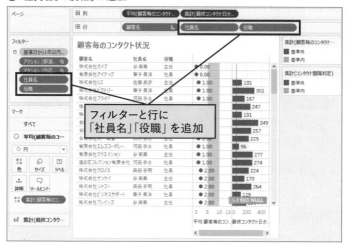

フィルター追加時には「社員名」「役職」ともに「すべて使用」のオプショ
ンをクリックします。

▼フィルター「すべて使用」を選択

また、フィルターに追加した「社員名」と「役職」の2つについて、「適用先
ワークシート」を「このデータソースを使用するすべて」に変更します。

● このデータソースを使用するすべてを選択

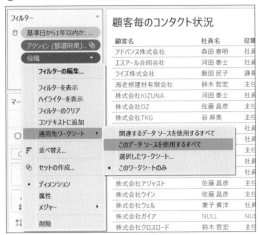

　また、フィルターに追加した「社員名」と「役職」はすべての集計より先に
フィルターとして適用したいためコンテキストフィルターを利用します。「社員
名」と「役職」の2つについて、コンテキストに追加を選択します。

● コンテキストに追加

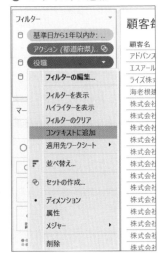

　下部の「ダッシュボード1」をクリックしてダッシュボードに戻り、画面表示されたグラフタイトルが「顧客毎の平均コンタクト回数」のグラフをクリックし、「▼」から「フィルター」にカーソルを当てます。その後「社員名」と「役職」をクリックしてダッシュボードに「社員名」と「役職」のフィルターを追加します。

▼「社員名」「役職」のフィルターへの追加

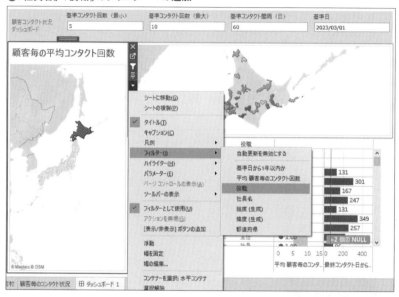

　ダッシュボード上部に追加された「社員名」をクリックしたのちに「▼」ボタンから「複数の値（ドロップダウン）」を押下して、フィルターの表示形式を変更します。また、同様の操作を「役職」でも行いフィルターの表示形式を変更します。

● 複数の値（ドロップダウン）を選択

　試しにフィルターを利用してみましょう。「社員名」で特定の社員に絞って
ダッシュボードを表示することができるようになりました。最後に下部の「ダッ
シュボード1」のシート名を「顧客コンタクト状況ダッシュボード」に変更して
おきます。また、こちらのダッシュボードは6章でも利用しますので忘れずに
保存しておきましょう。

● 社員名フィルターの使用

　こちらで修正が完了しました。修正したダッシュボードについて再度ユーザーに確認いただいたところ、こちらで問題ない旨の回答を受領しました。

▶ リリース前の最終確認をしよう

　ユーザー確認が完了した後も、リリース前には最終のチェックを行うことが大事です。例えば、グラフにカーソルを合わせたときに表示されるツールヒントなどもわかりやすさという観点では改善の余地があるでしょう。シート「顧客毎のコンタクト状況」を開いて、マークカードの「ツールヒント」をクリックすると、グラフにカーソルを当てたときに表示されるツールヒントの情報を編集することができます。余裕がある人はこのあたりも編集してみましょう。

▼ ツールヒントの確認

　また、一番大事なのは表示されている値に誤りがないかを確認することです。初期表示だけでなくフィルターで絞り込んだ場合など、いくつかのパターンで想定される正解値をあらかじめ別で用意しておいて、その値と一致するかなど、チェックをすることが大事になります。手間ではありますが、特に表示値の誤りがリリース後に発覚すると大きな問題となります。あらかじめ最終リリース前にチェックしておくことが大事です。

分析結果を整理・活用しよう ＜分析フェーズ5＞

Business Intelligence Tools

最終チェックが完了したダッシュボードを社内に公開したら、ダッシュボード提供の業務は完了かというとそうではありません。ダッシュボードはアクセス状況やユーザーの声を聴きながら、より活用してもらえるように改善を進めることが大事です。今回のダッシュボード提供のように新しいデジタル技術を活用した社内変革の取り組みは、なかなか社内に浸透せずに苦労するケースも多くありますが、改善の取り組みを継続的に進めることでユーザーから本当に必要とされるようなダッシュボードにしていくことができます。このあたりはデータ分析というよりはプロジェクトマネジメントに近い領域のため詳しくは踏み込みませんが、ポイントとなる点についてこの章の最後にコラムとして掲載しておりますので、そちらをご参照ください。

今回のケースにおいても、リリース当初はなかなか利用が進みませんでしたが、ユーザーからの声を踏まえて説明会の開催やマニュアルの修正を進めるなど改善に努めた結果、アクセス数を徐々に伸ばすことができました。また、それに伴い顧客へのコンタクト回数や間隔も適正化が進んでいることが確認できました。

しかし、一方で最新の売上状況について確認したところ、だいぶ回復傾向にあるものの、最終的なゴールである2021年水準までは、まだ回復に至っていない状況であることがわかりました。その状況から、経営企画部門より「売上回復に向けて他に対処すべき課題を確認し、データ分析を用いた改善提案をしてほしい」との依頼がありました。これまでの章で覚えた分析ノウハウをフルで活用しながら5章で分析を進めてみましょう。

ダッシュボードの利用定着化に向けた検討ポイントについて

ダッシュボードを活用した取り組みなど、デジタルを活用した社内変革の取り組みは、思ったように進まないケースが多々あります。それは、これらの取り組みは単にデジタル技術を活用した基盤をリリースするというだけでなく、運用プロセスの見直しなど、既存の業務や組織の文化を変えていく側面があるため、社員は本業で忙しい中、効果が未知数の取り組みに最初から積極的に参加してくれるとは限らないためです。特に立ち上がったばかりで実績がないチームが主管する取り組みである場合はなおさらです。

しかし、ダッシュボードなどデジタル活用が進んでいる会社や組織が世の中には存在します。彼らはどのようなアプローチで取り組みを進めたのでしょうか。様々な会社の事例を確認した結果、共通的に取り組んでいたポイントについて紹介します。

▶1.トップダウンとボトムアップのアプローチを使い分ける

トップダウンアプローチの一番のメリットは、取り組みを一気に展開することができるスピード感です。例えば、進めようとしている取り組みを会社や組織のKPIとして組み込んだり、標準的な運用プロセスの中に組み込んだりすることができれば、取り組みに半信半疑な社員も半ば強制的に取り組みに参加させることができます。しかしその施策が社員にとってメリットが実感できるような取り組みでなければ継続的な取り組みとして根付かせることは困難です。例えば、新型コロナの影響により多くの人が半強制的にテレワークに取り組んでみた結果、多くのアンケートを見ても、課題はあるものの思っていたより業務は進められるし通勤時間削減など効果が大きいと実感しています。このテレワークの例では、強制力となった新型コロナの影響がなくなったとしても、効果を実感した社員や企業は、多少の後退はあるにせよテレワークという文化がなくなることはないでしょう。しかし、例えばKPIとして強制的に新しいシステムを利用させるような施策をとった場合、そのシステムがその社員にとって効果が実感できるものではなかった場合は、KPIが終了したとたんに利用するメリットがなくなり、徐々に利用率は悪化し、最終的には使われないシステムになってしまうでしょう。

それを防ぐためには社員にとって効果が腹落ちするようなシステムや仕組みにする必要がありますが、そのためにはトップダウンアプローチと合わせて、ユーザーの声を拾い上げ改善を進めるボトムアップの取り組みが欠かせません。

▶2. ボトムアップの取り組みのコツ

ボトムアップの取り組みを進めるコツについて幾つか説明します。

◆①協力的なユーザーにリソースを集中し、社内成功事例を作る

　iPhoneなどの革新的な製品が世の中に出てきたときに、最初からすべてのユーザーがその素晴らしさを認め、飛びついたかというと、そうではありません。インターネットなども同様ですが、感度の高い一部ユーザーがその価値を認め、利用されていく中でプロダクトも徐々に洗練されて世の中に広まり、現在では多くの人にとってなくてはならない存在になりました。この現象を説明した理論としてイノベーター理論というものがあります。エヴェリット・M・ロジャースが1962年に書籍『Diffusion of Innovation（邦題：イノベーション普及学）』の中で提唱した理論で、革新的なアイデアの採用者数を時間軸でプロットすると累積度数分布の曲線がSカーブとなることなどを発見したものです。この理論から分かる点は、iPhoneのように素晴らしいコンセプトを持った取り組みであっても、新しい取り組みが普及するにはどうしても時間がかかるという点です。これはデジタル技術を活用した社内変革の取り組みも同様です。しかし、そのような中でも社員を既存の仕組みから新しい仕組みにシフトするよう促す必要があります。それにはどのようなアプローチが効果的なのでしょうか。

　多くの事例で採用されている効果的なアプローチは、少数であっても取り組みに前向きに協力してくれるユーザーがいればそちらにリソースを集中して、一緒に社内で成功事例を作るというアプローチです。先ほどのイノベーター理論では、革新的なアイデアの採用者を5つのカテゴリに分類していますが、取り組みに前向きに協力してくれるユーザーはその中のイノベーターやアーリーアダプタにあたるユーザーです。アーリーマジョリティ以降の層の社員は、取り組み初期の段階でいくらプロジェクトの素晴らしさを訴えても様子見を決め込み、説明が響

かず稼働が無駄になるケースが多いです。しかし、イノベーターやアーリーアダプタと作り上げた社内の成功事例は説得力があり、アーリーマジョリティ以降の層に関心を持ってもらい味方につけるための大きな武器になります。例えば他社で実績がある取り組みと説明されるのと、身近な社内組織で成果が出ている取り組みと説明されるのでは、やはり後者の方が格段に興味をもって聞いてもらえます。まずはイノベーターやアーリーアダプタに推進チームのリソースを集中し、一緒に社内の成功事例を作り上げるのが効果的です。

◆ ② Quick Win を繰り返すとともに、成功事例を広く情報発信する

ウォーターフォール的に一度検証のサイクルを回すのではなく、試行錯誤できるようにアジャイル的に何度もサイクルを回す方が望ましいです。やりたいことを詰め込みすぎて1回のサイクルが長くなると、ニーズと乖離があった場合に手戻りが大きくなりますし、当初は高かったユーザーの期待や関心が冷めてしまったり、別のことに関心が移ってしまったりします。熱いうちに打てという言葉あるように、短いサイクルでアウトプットを出し、ユーザーに確認およびコメントを受領し、それを踏まえてブラッシュアップするという Quick Win のサイクルを回すことが効果的な進め方です。また、取り組みを通じて作り上げた社内の成功事例は広く情報発信をしていきますが、情報発信における一つのコツとしては、ユーザー組織自身に効果を語ってもらうということです。取り組みを何とか進めたい推進チームがいくら効果をPRしても、半信半疑にとらえる組織も少なからず出てきます。しかし、第三者的な立場であるユーザー組織に自ら活用事例や取り組みの効果を説明してもらうと格段に説得力が増します。このように身近な社内の成功事例が増えるにつれて、様子見をしていた組織も興味を持つようになり、また、横並び意識から焦燥感に駆られて取り組みに参加するケースも増えていくでしょう。

このように情報発信を通じて、興味を持ってくれた組織やユーザーを加えてPoCを実施し、新しい成功事例を作り、情報発信をして、というサイクルを繰り返すことが、取り組みを拡大する効果的なアプローチです。

◧ ③ユーザーの意見を吸い上げて改善する仕組みを整える

ユーザーの声を拾い上げ改善を進めるための仕組みを整えることも重要です。幾つかのポイントを紹介したいと思います。

◇ユーザーの利用状況を分析する

多くのデジタルソリューションはセキュリティの観点からも誰がいつどのコンテンツにアクセスしたかなどのアクセス情報を確認する機能を提供しています。デジタルソリューションを利用せずに独自に構築システムもアクセスログを蓄積することで分析に利用することが可能です。

どの組織や役職が利用しているかなど、アクセス情報から把握し、特に利用されている組織やユーザーにはヒアリングを通じて活用事例や課題を理解したり、利用が進んでいない組織にアプローチするなど効率的に推進することが可能になります。また、アクセス状況は取り組みのオーナーとなる組織やキーパーソンに定期的に情報共有するなど、報告や取り組みのアピールという面でも活用することが可能です。

◇アンケートやインタビューを行う

多くの取り組みで実施されているように、システムの利用ユーザー向けにアンケートを採りユーザーニーズを把握する方法は効果的です。満足度や不満と感じている点、今後期待している点など、5段階評価や自由記述で回答してもらうことで、ユーザーの意見を把握し、改善に活用することができます。匿名での回答の方が本音が集まりやすく、記名形式の方が個人属性を踏まえた分析や特に気になる回答があれば個別にヒアリングするなど分析がしやすかったりといった傾向があります。

なお、アンケートやインタビューで拾い上げた課題は、しっかりと改善につながっていると印象付ける必要があります。改善につなげる取り組みが十分でないと感じられてしまうと、意見を言っても反映されないと諦められてしまい、取り組みへの関心が薄れたり意見が集まりにくくなるため留意が必要です。すべての改善は難しいにせよ、課題について改善に向けて取り組んでいることを情報発信していくことが重要です。

◇**ユーザー会などのコミュニティを運営する**

　もう一つお勧めするアプローチは社内ユーザー会などのナレッジシェアのコミュニティを作る方法です。社外ではベンダーソリューションや業種など、色々なテーマで会社や組織を超えたコミュニティが開催されて、様々なナレッジや意見交換がされていると思います。同様に社内で今回のプロジェクトに関する社内ユーザー会を立ち上げ、事例共有会などのナレッジシェアを進めてもらいます。

　同じ課題感を抱えるユーザー同士がつながることで、推進チームを経由するよりも、よりダイレクトに必要なナレッジを流通させることができます。また、推進チームが効果をアピールするよりも、ユーザー自身にコミュニティで効果を語ってもらった方が各段に説得力や信頼性のあるPRが可能であり、取り組み拡大にも効果的です。

　またユーザー会に参加してくれるようなユーザーは取り組みについて関心やwillをもってくれている貴重な存在です。最初は小規模であっても活用事例やコメントを踏まえて具体的なニーズを把握し、取り組み反映するサイクルを回すためにも、ぜひ検討していただきたいと思います。

▶3.強い信念を持つ（課題を見失わない）

　取り組みを進めるなかで、すべての社員が賛成で協力的ということはおそらくないでしょう。日々の業務で忙しい中で、あなたが進めようとしている取り組みに割ける時間はそう多くありません。その中で、様々な肯定的な意見、否定的な意見があつまると思いますが、忘れてはいけないのは、プロジェクトで改善したい課題は何かという点を見失わないことです。様々な人の意見をそのまま受け入れてしまいすぎると、ターゲットとする課題がブレて何のための取り組みが分からなくなり、迷走する可能性があります。

　もちろん自分のチームが全てにおいて正しいということはなく、改善すべき点に気づかせてくれる意見は非常に貴重なものです。しかし、プロジェクトを一番理解して悩みながら進めているのはあなたやチームメンバーのはずです。プロフェッショナルとして他社事例などから正しいと信じる方向性があるのであれば、一部妥協して遠回りすることもあるかもしれませんが、最終的に目指すゴールは見失わずに目指していくべきです。目指す方向が正しければ、数年後に振り返ったときに、あなたが目指すゴールに着実に近づいていることでしょう。

　デジタル技術を活用した社内変革の取り組みは、終わりのない旅です。デジタル技術は日進月歩で進化しますし、会社を取り巻く事業環境もどんどん変化します。これまで夢物語のようだったことも技術の進歩により実現できるようになっていくでしょう。

　その中で新しい改善点を見つけ、それを解決することで、また新しい改善点が生まれていくことになります。改善の取り組みを止めることは後退することになることを忘れてはいけません。このサイクルを続けることがあなたの取り組みが会社として有益であり続け、また前進するために必要不可欠なポイントなのです。

改善に向けた分析を
進めよう

　第2章から第4章で、「課題の絞り込み」⇒「原因の特定」⇒「対策の立案・実行」という一連の課題解決プロセスについて、実際に手を動かしながらデータ分析を進めることで、知識だけでなく身をもって「データの海で泳ぐ」経験を深めていただきました。この経験を通じて本書を読む前は漠然としていたデータ分析を成果につなげるために必要となるデータ分析の「技術面」と、段取りやコツといった「思考面」について理解を深めることができたのではないでしょうか。

　この章まで一連の課題解決プロセスについてデータ分析を活用しながら進めてきましたが、現実のビジネスの世界では課題解決プロセスを一度実行すれば課題が解決して終了となるかというとそうではなく、何度も課題解決のプロセスを繰り返しながら課題解決に向けて改善を進めていくことが多いです。そこで5章では、「売上を2021年水準まで回復する」という当初のゴールに向けて、もう一度課題解決のプロセスを繰り返して分析を進めていきたいと思います。

　なお、これまでの章では課題解決プロセスを意識したデータ分析について読者に分かりやすく伝わるよう、「課題の絞り込み」や「原因の特定」といった課題解決のフェーズで分けて分析プロセス実行しながら分析を進めてきました。一方で実際の分析プロジェクトでは「課題の絞り込み」と「原因の特定」を繰り返しながら「課題の深掘り」としてセットで分析を進めるケースも多いです。そのため5章ではより実務に近い応用編として、課題の深掘りとして「課題の絞り込み」と「原因の特定」をセットで分析を行っていきます。これまでの章で学んだことを定着化させるための復習と、より実務に近い応用編として5章に取り組んでいきましょう。

▼5章の位置づけ

分析プロセス

凡例 フェーズ

| 分析目的や課題の整理
（どのような料理が食べたいか確認） | 分析デザイン
（どのような食材や調理法で作るか） | データ収集・加工
（食材を集め下ごしらえ） | データ分析
（準備した食材で調理） | 分析結果の活用
（盛り付けて提供） |

（）内は料理に例えた場合のイメージ

課題解決プロセス

5章 　　　課題の深掘り　　　　分析

| 課題の発見
何が課題？
(What) | 課題の絞り込み
どこ？
(Where、Who) | 原因の特定
なぜ？
(Why) | 対策の立案と実行
何をする？
(How) |

売上が2022年から減少している

(2章結果)
特に役職が社員のが担当する既存顧客で売上が減少している

(3章結果)
顧客とのコンタクト回数や間隔が原因で満足度や売上が減少している

(4章結果)
顧客のコンタクト状況をダッシュボード化し、訪顧客コンタクトの適正化で活用

(4章の対策実行後)
売上は回復傾向にあるが2021年水準でない
→他に対処すべき課題がないか？

Chapter **5**

◉ あなたの置かれている状況

　既存顧客の売上減少の原因となっていた顧客のコンタクト回数や間隔の適正化に向け、データ分析を活用した対策として、顧客のコンタクト状況を可視化したダッシュボードを作成してリリースしました。その後、利用者向けの説明会の開催や利用者の声を踏まえたマニュアル修正などの改善を進めた成果もあり、ダッシュボードを活用しながらコンタクト計画を立てる運用が定着したようです。それとあわせて顧客のコンタクト回数や間隔の適正化が進んでいることがダッシュボード上で確認できました。しかし売上は回復傾向にあるものの、依然として2021年

の水準までには至っていない状況です。

　この状況から、経営企画部門より「売上回復に向けて他に対処すべき課題を確認し、データ分析を用いた改善提案をしてほしい」との依頼を受けました。それでは、これまで学習した内容を活かしながら分析を進めていきましょう。

◆先輩からのアドバイス

　改善に向けて課題解決プロセスを繰り返す場合には、どの課題解決のフェーズまで立ち戻って取り組みを繰り返す必要があるかを考えてみましょう。例えば、特にどこに課題があるのかを再確認する必要があるケースでは「課題の絞り込み」フェーズから検討を進めることになりますし、アンケート等で課題や原因が明確で対策を練り直したい場合は「対策の立案と実行」フェーズに戻って、新しい対策の立案や既存の対策の改善に取り組むことになります。今回のケースでは、特にどこに課題があるのかから再確認する必要がありそうなので、「課題の絞り込み」フェーズに戻って分析を進めることにしましょう。また、これまでの章を通じて課題プロセスを意識した分析に慣れたと思いますので今回は少し応用的な進め方として、まず「課題の絞り込み」と「原因の特定」をセットで分析を行い、次の章で分析結果を踏まえて「対策の立案と実行」を進めていきましょう。

🔻どの課題解決フェーズまで戻るか

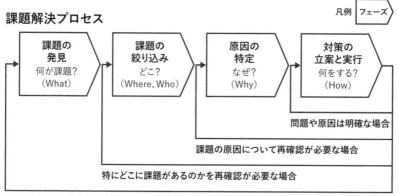

課題解決プロセス

凡例 フェーズ

| 課題の発見
何が課題?
(What) | 課題の絞り込み
どこ?
(Where、Who) | 原因の特定
なぜ?
(Why) | 対策の立案と実行
何をする?
(How) |

問題や原因は明確な場合

課題の原因について再確認が必要な場合

特にどこに課題があるのかを再確認が必要な場合

取り組む課題設定から再検討が必要な場合

分析の目的や課題を整理しよう
＜分析フェーズ1＞

まず分析の目的を改めて確認するために、あるべき姿と現状を整理してみましょう。

▶ 現状とあるべき姿

- あるべき姿（最終ゴール）：レンタル事業の売り上げが2021年の水準に回復する。
- 現状：コンタクト回数や間隔の適正化に取り組んだ結果、売上は回復傾向にあるものの2021年水準には到達していない。

コンタクト回数や間隔の適正化以外の対策を考える必要がありますが、現状が再び不明確になってしまい、現状とあるべき姿のギャップが大きい状況です。一足飛びに対策を考えるのは難しいため、2章や3章で実施したように売上減少について特に影響が大きい他の要素はどこか、それがなぜ発生しているのかを明らかにする必要がありそうです。そこでデータ分析を通じて売上減少について特に影響が大きい他の要素がないか課題の絞り込みと、なぜそれが発生しているのかの原因の特定を進めていきましょう。

Section 5-2 分析のデザインをしよう ＜分析フェーズ2＞

Business Intelligence Tools

　分析の目的が整理できたら、2章と同様の観点で分析内容や条件などを検討して、分析のデザインを進めていきましょう。

▶分析内容や分析手法の整理

　これまでは社内の状況にフォーカスして分析を進めていたため、少し目線を変えて社外の同業他社の売上を確認しましたが2021年と2022年で特に売上が落ち込んでいる様子はありませんでした。そのため、業界としての問題ではなく自社に何かしらの問題が残っていそうです。

　続いて売上が2021年水準までに戻らない原因について思い当たる点がないか経営企画部門や営業部門に再度ヒアリングしましたが残念ながら目新しい情報はなく、新たな仮説を得ることはできませんでした。そこで今回はデータから仮説を導出していく**仮説探索型**のアプローチを中心にTableauでデータ分析を進めていきたいと思います。しかし、手元にある顧客データや契約データについては2章や3章ですでに分析しており、追加で分析しても新しい知見を得ることは難しそうです。そこで他に顧客との接点を持つ部署について改めて考えたところ、OA機器にトラブル等が発生した際に顧客が問い合わせる先としてサポート部門があることに気づきました。そこで今回は売上が減少した顧客とそれ以外の顧客でサポート状況に差がないかなど、顧客サポートを中心に売上回復に向けた課題を仮説探索型のアプローチで確認していきたいと思います。

▶必要なデータの整理

　サポート部門に連絡をして取り組みの趣旨やこれまでの経緯を伝えて調整した結果、顧客の問い合わせ状況や対応結果をまとめたサポートテーブルがあることが分かりました。その後データを管理しているシステム部門に依頼をしたところ、サポートテーブルの他に各OA機器のプリント枚数など利用状況を定期的に取得して管理している利用状況テーブルがあることが分かり、その2つのテーブルであればサポート部門に定期的に提供しており提供可能との回答とのことでした。サポート状況だけでなくOA機器の利用状況から売上減少の原因が分かるかもしれません。そこで今回は新たに入手したサポートテーブルと利用状況テーブルを中心に分析を進めたいと思います。

- ◆ **サポートテーブル**：顧客からの問い合わせ対応状況を管理
- ◆ **利用状況テーブル**：プリント累積枚数などOA機器の利用状況を管理

▶分析条件の整理

　分析を進めるにあたって、分析スコープや指標の定義などについて条件を整理します。
　今回は分析依頼主の経営企画部と調整した結果、2章および3章と同様の分析条件とし、売上減少は2021年から2022年にかけての売上減少について確認していくことにしました。

▶分析成果物の整理

　依頼主である経営企画部と調整した結果、2章や3章と同様に売上減少の課題や原因についての分析結果や考察をまとめて10枚程度のレポート形式で提出することにしました。

▶その他（体制／スケジュール／コストなど）

　2章や3章と同様に分析を始める前の整理事項として、体制面やデータ分析のスコープやスケジュール等を整理するとともに、ステークホルダーと調整・合意をしておくことが必要です。プロジェクトマネジメントに近い領域のため本書では詳細は割愛しますが、2章で少し解説していますのでそちらも適宜ご確認いただければと思います。

データの収集・加工をしよう
＜分析フェーズ3＞

Business Intelligence Tools

　分析のデザインが整理できたところで、必要なデータを集めていきます。システム管理部門に依頼し、csv形式のファイルを受領することができました。これまでの章でも実施したように、まずはデータの構造を見ていきましょう。サポートテーブルと利用状況テーブルのcsvデータを開くと下記のようになっています。レコード数を確認するとサポートテーブルは55,602レコード、利用状況テーブルは3,353レコードあるようです。

🔻サポートテーブル

	A	B	C	D	E	F	G	H	I
1	受付ID	契約ID	顧客ID	製品シリアルNo	問合せ受付日	対応完了日	問合せ内容	対応内容	社員ID
2	R-1000000	N-1003209	C-1001222	PD000280	2021/1/1	2021/1/4	その他	保証書の再発行	100173
3	R-1000001	N-1001347	C-1000483	MD000207	2021/1/1	2021/1/5	機器のトラブル	解消方法を説明	106016
4	R-1000002	N-1001181	C-1000054	PA000063	2021/1/1	2021/1/11	機器のトラブル	修理の手配・対応	103462
5	R-1000003	N-1001360	C-1000230	PC000139	2021/1/1	2021/1/8	その他	契約内容の回答	101512
6	R-1000004	N-1002423	C-1001027	PE000138	2021/1/1	2021/1/5	その他	保証書の再発行	100173
7	R-1000005	N-1000818	C-1000266	ME000073	2021/1/1	2021/1/7	機器のトラブル	修理の手配・対応	105689
8	R-1000006	N-1000543	C-1000255	PD000048	2021/1/1	2021/1/10	機器のトラブル	修理の手配・対応	103675
9	R-1000007	N-1002832	C-1001124	ME000283	2021/1/1	2021/1/11	機器のトラブル	修理の手配・対応	100556
10	R-1000008	N-1003333	C-1001295	PA000189	2021/1/1	2021/1/8	消耗品の問合せ	交換方法を説明	102065

🔻図4　利用状況テーブル

	A	B	C	D	E	F
1	製品シリアルNo	累積枚数	最終更新日	社員ID	契約ID	故障件数
2	PD000000	575028	2023/1/1	101782	N-1000000	12
3	PD000001	655268	2023/1/1	101809	N-1004514	10
4	PD000002	707706	2023/1/1	100095	N-1004713	11
5	MB000000	376718	2023/1/1	106938	N-1003953	10
6	PA000000	635226	2023/1/1	100726	N-1000004	10
7	PB000000	607922	2023/1/1	107576	N-1000005	1
8	PB000001	320417	2023/1/1	107576	N-1000006	1
9	MB000001	617342	2023/1/1	101305	N-1000007	12
10	MB000002	524312	2023/1/1	101305	N-1000008	6

　サポートテーブルは受付IDをキーとして、どの契約（契約ID）や顧客（顧客ID）のどの製品（製品シリアルNo）について、いつ（問合せ受付日）どんな問い合わせがあったのか（問合せ内容、対応内容）、誰が対応したのか（社員ID）が記録されたデータになります。

　利用状況テーブルは製品シリアルNoをキーとして、各契約（契約ID）の製品の利用状況（故障件数や累積枚数）が記録されたデータになります。

　それではまず、サポートテーブルをTableauに読み込んで、必要なテーブルと結合してきたいと思います。

　Tableau Publicを開いて、左のタブの中からテキストファイルを選択します。

　そうすると、サブウインドウが開くので、あらかじめダウンロードしておいたサンプルデータのフォルダを指定して、サポートテーブル.csvを選択します。

▼サポートテーブル.csv の読み込み

画面中部に表示された「サポートテーブル.csv」をダブルクリックします。

●サポートテーブルの結合①

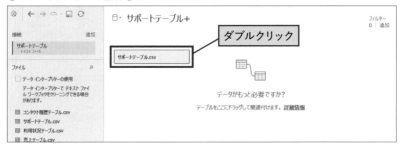

　データ結合を行う画面に遷移したら、**サポートテーブル.csv**に契約テーブル（契約ID）、社員テーブル（社員ID）、顧客別年売上集計（顧客ID）をそれぞれ（）内に記載した項目を結合キーとして左結合しましょう。その上で、契約テーブルと製品テーブルについて製品IDを結合キーとして左結合します。こちらでデータを結合することができました。最後に結合キーが正しいかを確認しましょう。特に顧客別年売上集計は結合キーが「社員ID」ではなく「顧客ID」になっているか確認が必要です。もし、テーブルの結合方法が分からない場合は2章を確認しながら操作方法を再学習してみましょう。

▼サポートテーブルの結合②

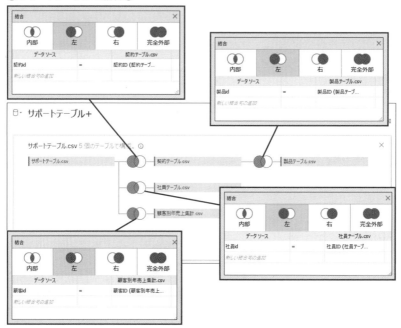

　続いて、利用状況テーブルをTableauに読み込んで、必要なテーブルと結合してきたいと思います。左上のメニューから「データ」→「新しいデータソース」を選択して新しいデータソースを追加していきます。

▼新しいデータソースを追加

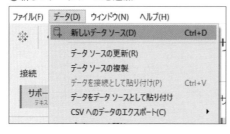

　左のタブの中からテキストファイルを選択します。

　そうすると、サブウインドウが開くので、あらかじめダウンロードしておいたサンプルデータのフォルダを指定して、利用状況テーブル.csvを選択します。

●利用状況テーブル.csvの読み込み

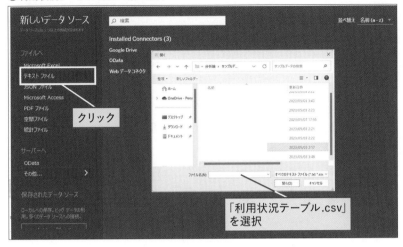

画面中部に表示された「利用状況テーブル.csv」をダブルクリックします。

●利用状況テーブルの結合①

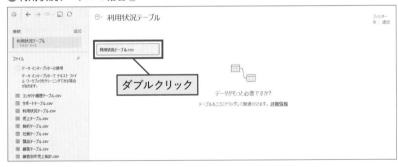

　データ結合を行う画面に遷移したら、利用状況テーブル.csvに契約テーブ
ル（契約ID）、社員テーブル（社員ID）をそれぞれ（）内に記載した項目を
結合キーとして左結合しましょう。その上で、契約テーブルと製品テーブルに
ついて製品IDを結合キーとして左結合します。こちらでデータを結合するこ
とができました。

🔻利用状況テーブルの結合②

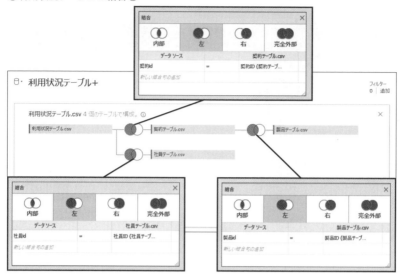

　それでは結合した結果が正しいか、データのレコード数を確認しましょう。左下の「シート1」を選択してシートを開きます。まずは「サポートテーブル＋」を利用したいため、左上に表示されたデータから「サポートテーブル＋」を選択した上で、メジャー「カウント（サポートテーブル.csv）」をマークカードの「テキスト」にドラッグ＆ドロップして、作成した「サポートテーブル＋」のレコード件数を確認しましょう。

🔻サポートテーブルのレコード件数確認

　表示されたレコード件数を確認すると、55,602件となっており、結合前と全く同じです。正しく結合できているようです。

　続いて、新しいシートを開きます。次は「利用状況テーブル＋」を利用したいため、左上に表示されたデータから「利用状況テーブル＋」を選択した上で、メジャー「カウント（利用状況テーブル.csv）」をマークカードの「テキスト」にドラッグ＆ドロップして、作成した「利用状況テーブル＋」のレコード件数を確認しましょう。

▼利用状況テーブルのレコード件数確認

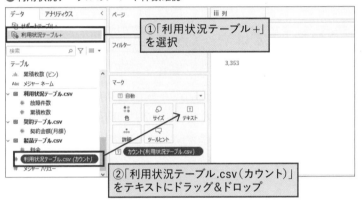

　表示されたレコード件数を確認すると、3,353件となっており、結合前と全く同じです。正しく結合できているようです。もし件数があわない場合は、データの結合画面に戻って、結合するキーが正しいか、左結合になっているか、などを確認してみましょう。また、秀和システムのサポートページに各章のワークブック例を掲載していますので、ダウンロードしてそちらと比較してみるのもいいでしょう。

　なお、この章では説明を割愛しますが、新しいデータを利用する場合は欠損値や代表値の確認を行うことも大事です。余力がある方は2章を確認しながら実際にチャレンジしてみてください。では、ここで保存をしておきます。左上の「ファイル」から「Tableau Publicに保存」をクリックして、ファイル名を入力して保存してください。ここでは「Chap5-DataAnalytics Book」として保存しました。

Section 5-4 データ分析を進めよう <分析フェーズ4>

Business Intelligence Tools

それでは Tableau にデータを読み込むことができましたので、いよいよ分析を進めていきます。今回は有識者から有力な仮説が得られなかったため、データを起点とした仮説探索的アプローチで分析を進めて行きましょう。

▶ データ分析（まずはやってみよう）

それでは、サポートデータを利用して、顧客コンタクト以外の離脱原因がないかについて分析を進めていきましょう。読み進める前に一度自分でTableau を用いて分析を進めてみるのもお勧めです。分析を進めながら分析観点に漏れがないように「①大小関係がないか」「②変化がないか」「③パターンがないか」を意識してみましょう。

それでは、どのような分析が考えられるかについて一緒に分析を進めていきましょう。なお分析には学校の教科書のように完全なる正解はなく、同じデータを利用しても人によって新たな切り口や分析結果が発見されたりするものです。そのため、今からお伝えする分析が正解というわけではなく一つの分析例になります。「やっぱりこんな切り口で分析をするよね」とか「確かにこんな観点の分析もあったな」など感じていただきながら一緒に分析を進めていければと思います。

それではまず、今回入手したサポートデータから、サポート状況を把握するために、サポート件数に関する分析から進めていきたいと思います。

▶サポート状況について分析してみよう

　まずはサポート件数について、売上減少している顧客と、それ以外の顧客で「①大小関係がないか」「②変化がないか」「③パターンがないか」について確認していきたいと思います。

◆①大小関係がないか

　まずは売上が減少しているかを判定する計算フィールド「売上減少判定」を作成します。まず、新しいシートを開きます。データとしては「サポートテーブル＋」を利用しますので、左上から「サポートテーブル＋」を選択したあとに、計算フィールドを作成します。先ほどのデータ結合で「サポートテーブル＋」には顧客毎の各年の売上を格納したメジャー「売上（2021）」「売上（2022）」がありますので、そちらを比較することで算出することができます。計算フィールドの名前は「売上減少判定」としておきましょう。

```
if [売上(2022)] < [売上(2021)] then "売上減少"
else "売上増加・変動なし"
end
```

●計算フィールド「売上減少判定」

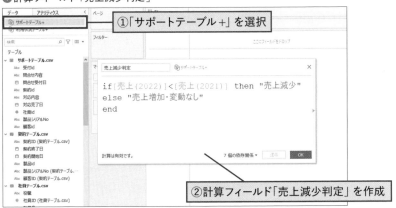

①「サポートテーブル＋」を選択

②計算フィールド「売上減少判定」を作成

こちらを利用してグラフを作成していきます。まず、メジャー「カウント（サポートテーブル.csv）」を列に、先ほど作成したディメンション「売上減少判定」をマークカードの「色」に格納します。また、マークカードの「ラベル」をクリックして「マークラベルの表示」にチェックを入れておきましょう。サポートの問い合わせ件数としては売上減少した顧客からの問い合わせが多いようです。

🔻サポート件数×売上減少判定

こちらのグラフに色々なディメンションを追加して、傾向を確認してみましょう。

まず、ディメンション「顧客区分」を行に追加し、ソート機能で降順に並び替えます。こちらだけだと、例えば顧客区分の「企業規模小」と「企業規模中」でサポート件数の割合に差があるのか分かりにくい状況です。

●サポート件数×売上減少判定×顧客区分①

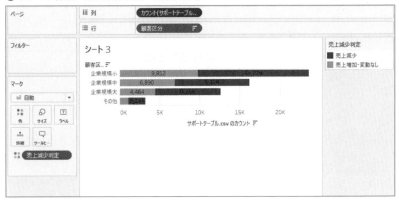

　そこでグラフの右に合計に対する割合に関するグラフを追加してみましょう。列にメジャー「カウント（サポートテーブル.csv）」をもう一つ追加し、オプションから「簡易表計算」→「合計に対する割合」を選択します。

●サポート件数×売上減少判定×顧客区分②

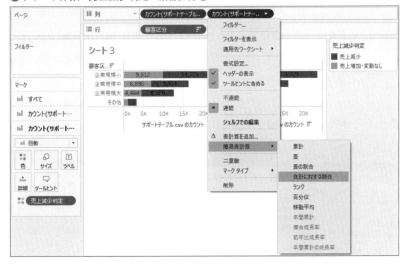

　その後、今回は「合計に対する割合」の計算を表の横方向に効かせたいため、もう一度オプションから「次を使用して計算」→「表（横）」を選択します。そうすると先ほどのグラフの右に合計に対する割合に関するグラフを追加

することができました。

▼ サポート件数×売上減少判定×顧客区分③

　こちらを確認すると各顧客区分で少し差があるものの、顕著な差があるか
というとそうではなさそうです。シート名は「サポート件数×売上減少判定×
顧客区分」としておきます。なお、本書では多くのグラフを作成しますので、
シート名は簡易なものに適宜変更いただいても問題ありません。

▼ サポート件数×売上減少判定×顧客区分④

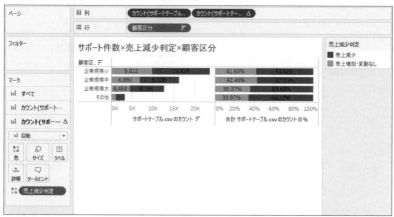

　他のディメンションでも売上減少顧客とそれ以外の顧客でサポート件数に差がないかを確認していきましょう。まず先ほど作成したシートを下部のシート名を右クリックして「複製」を選択してシートを複製しましょう。その後、複製したシートで、ディメンション「地域」を行にある「顧客区分」の上にドラッグ＆ドロップして置き換えて表示します。その後、降順にソートしてみましょう。表示結果を確認すると各地域で少し差があるものの、顧客区分と同様に顕著な差があるかというとそうではなさそうです。シート名は「サポート件数×売上減少判定×地域」としておきます。

🔻サポート件数×売上減少判定×地域

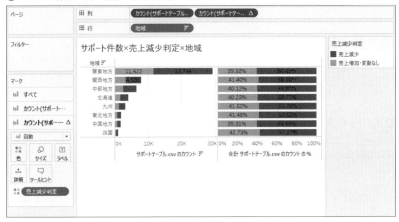

　同様の操作で他のディメンションも確認してみましょう。先ほど作成したシートを複製した上で、ディメンション「製品カテゴリ」を行にある「地域」の上にドラッグ＆ドロップして置き換えて表示します。その後、降順にソートしてみましょう。表示結果を確認すると製品カテゴリで少し差があるものの、同様に顕著な差があるかというとそうではなさそうです。シート名は「サポート件数×売上減少判定×製品」としておきます。

▼サポート件数×売上減少判定×製品①

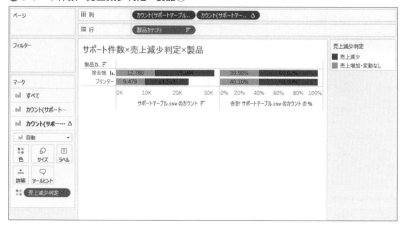

　行に「製品名」を追加してみましょう。製品名ごとでも大きな差はなさそうです。

▼サポート件数×売上減少判定×製品②

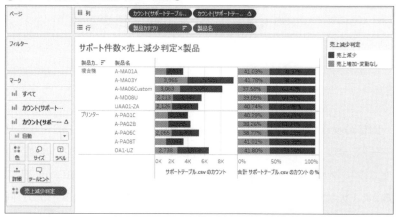

　続いて、問い合わせ内容で差がないかを見ていきましょう。先ほど作成したシートを複製した上で、ディメンション「問合せ内容」を行にある「製品カテゴリ」の上にドラッグ＆ドロップして置き換えて表示します。また、不要なディメンションである「製品名」を欄外にドラッグ＆ドロップして表示から外します。その後、降順にソートしてみましょう。表示結果を確認すると「機器のトラブル」が売上減少の顧客へのサポート件数の割合が高いことが分かりました。シート名は「サポート件数×売上減少判定×問合せ」としておきます。

▼サポート件数×売上減少判定×問合せ内容

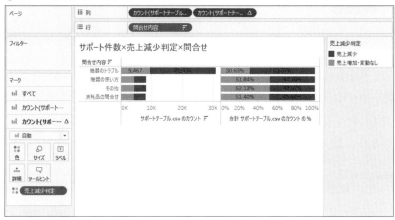

　もう少し詳しく確認したいためディメンション「対応内容」を追加してみましょう。すると、特に「修理の手配・対応」で売上減少の顧客へのサポート件数の割合が高いことが分かりました。「修理の手配・対応」というステータスがどのような対応内容なのかサポート部門に確認したところ、顧客のOA機器が故障して使えなくなった場合に登録するステータスだということが分かりました。OA機器の故障が起因となり、顧客満足度の低下やレンタル契約の解約による売上低下につながっているという仮説が考えられます。

▼サポート件数×売上減少判定×対応内容

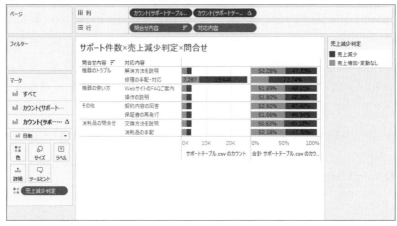

　これまでの分析で、故障が売上減少の一つの原因となっている可能性が高いですが、それ以外のサポート対応で考えられる点としては、対応完了までの日数が長くかかってしまい、それが満足度低下や売上減少につながっているのではという仮説も考えられます。そちらについても確認してみましょう。

　問い合わせ受付日から対応完了までの日数を計算するため、計算フィールド「対応完了までの期間（日）」を作成します。

```
datediff('day',[問合せ受付日],[対応完了日])
```

▼計算フィールド「対応完了までの期間（日）」

　続いて新しいシートを開きます。次に、作成した「対応完了までの期間（日）」を列に、「売上減少判定」を行に追加します。また、マークカードのラベルをクリックして「マークラベルを表示」にチェックを入れましょう。

▼対応完了までの期間（日）×売上減少判定①

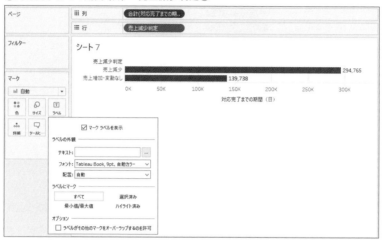

　その後、列に追加した「対応完了までの期間（日）」を右クリックしてオプションから「メジャー」→「平均」を選択します。

▼対応完了までの期間（日）×売上減少判定②

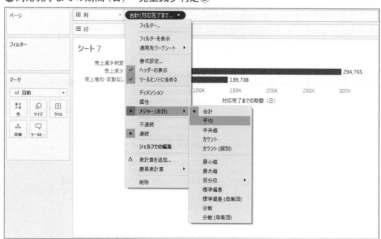

表示された結果を見ると、売上が減少している顧客で対応完了までの期間が長くなっていることが分かります。対応完了までの期間も何かしら影響していそうですね。

▼対応完了までの期間（日）×売上減少判定③

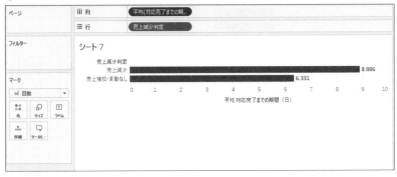

加えて、行に「対応内容」を追加してみましょう。全般的に売上が減少している顧客のほうが対応完了までに時間がかかっている傾向がありますが、特に「修理の手配・対応」の対応内容、つまり故障に関する対応では対応完了までに時間がかかる傾向がありそうです。シート名は「対応完了までの期間×売上減少判定×対応内容」としておきます。

▼対応完了までの期間×売上減少判定×対応内容

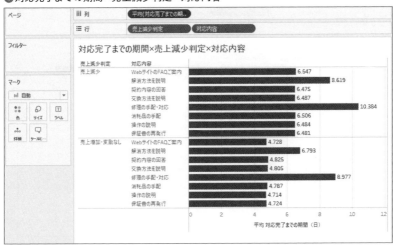

◆ ②時系列での変化がないか

続いて時系列で売上減少顧客とその他顧客でサポート件数に変化がないかを確認していきます。まずはサポート件数について確認していきます。新しいシートを開いて、列に「問合せ受付日」をドラッグ＆ドロップし、列に格納された「年（問合せ受付日）」の左の＋ボタンをクリックします。そうすると四半期（問合せ受付日）が右に追加されます。

次に、行に「カウント（サポートテーブル.csv）」をドラッグ＆ドロップし、マークカードのプルダウンをクリックして「棒」を選択します。これで棒グラフに変更できます。

▼サポート件数×売上減少判定×問合せ受付日①

続いてマークカードの「色」に「売上減少判定」をドラッグ＆ドロップします。これだけだとやはり差があるかが分かりにくいため合計に対する割合も追加しましょう。行に「カウント（サポートテーブル.csv）」をドラッグ＆ドロップして追加した後、オプションから「簡易表計算」→「合計に対する割合」を選択します。

▼サポート件数×売上減少判定×問合せ受付日②

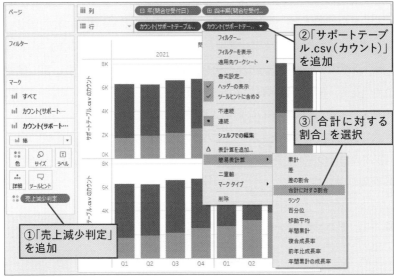

合計に対する割合の計算を下方向に実施したいため、オプションから「次を使用して計算」→「表(下)」を選択します。

▼サポート件数×売上減少判定×問合せ受付日③

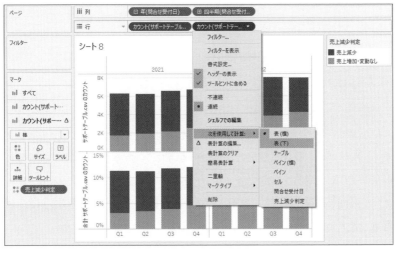

こちらを確認すると、時間が経過するごとに売上減少顧客のサポートの割合が減っているように見えます。

▼ サポート件数×売上減少判定×問合せ受付日④

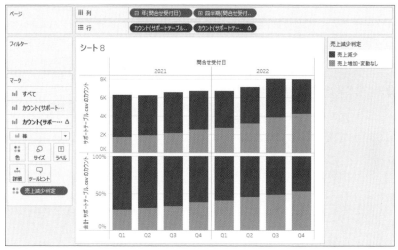

更に詳しく確認するためにディメンション「対応内容」を列の先頭に追加してみましょう。そうすると、先ほどの「①大小関係がないか」で確認した「修理の手配・対応」について、特に売上減少顧客からのサポート件数の割合が時間とともに減っていることが分かります。こちらは契約終了に伴い契約が減少しサポート件数も減少していることが考えられそうです。シート名は「サポート件数×売上減少判定×問合せ受付日×対応内容」としておきます。

▼ サポート件数×売上減少判定×問合せ受付日×対応内容

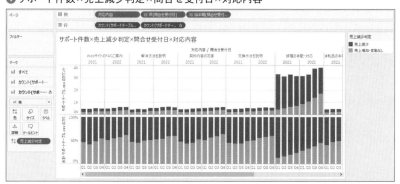

続いて、「対応完了までの期間（日）」について時系列で確認していきましょう。

新しくシートを開いて、行に「対応完了までの期間（日）」、列に「問合せ受付日」を追加します。列に追加した「問合せ受付日」の左に表示された＋ボタンをクリックし、月の粒度まで表示します。また、マークカードのラベルをクリックして「マークラベルを表示」にチェックを入れましょう。

▼ 対応完了までの期間×問合せ受付日①

次に、列にある「四半期（問合せ受付日）」は不要なため、欄外にドラッグ＆ドロップします。これで不要だった「四半期（問合せ受付日）」を外すことができます。また、行にある「対応完了までの期間（日）」を右クリックしてオプションから「メジャー」→「平均」を選択します。

●対応完了までの期間×問合せ受付日②

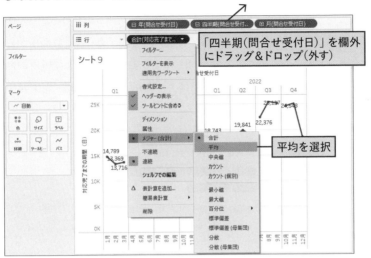

表示された傾向を見ると、問い合わせ完了までにかかる期間が増加傾向にあることが分かります。また、どうも季節性がありそうで、6月から7月にかけてサポート件数が伸びる傾向がありそうです。

●対応完了までの期間×問合せ受付日③

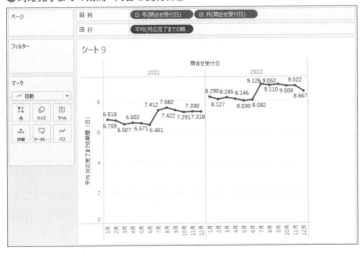

　次に売上減少している顧客とそれ以外の顧客で差異があるかも確認しておきましょう。マークカードの色に「売上減少判定」を追加します。追加後の傾向を確認すると、やはり売上減少顧客のほうが対応完了までの日数がかかっていることが分かりますが、売上減少顧客とその他の顧客で時系列の傾向は大きくは変わらないようです。シート名は「対応完了までの期間×売上減少判定×問合せ受付日」とします。

▼対応完了までの期間×売上減少判定×問合せ受付日

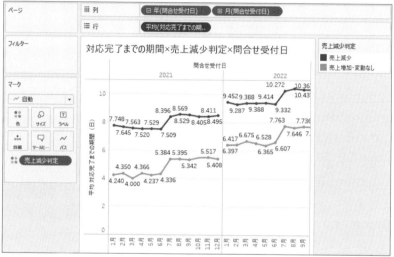

◆③パターンがないか

　これまでの分析から対応内容として「修理の手配・対応」が発生している顧客、つまりOA機器の故障が発生した顧客が増加した結果、顧客満足度の低下につながり、それが売上減少につながっているという仮説が考えられます。また、サポートの対応完了までの期間についても期間が長いほど顧客満足度の低下につながり、売上減少につながっているという仮説が考えられます。そこで、故障件数や対応完了までの期間について顧客満足度との関係について確認を進めていきたいと思います。

　故障件数を計算するため、計算フィールド「故障件数」を作成します。故障は対応内容が「修理の手配・対応」の場合とし、該当の場合は1を返却するようにします。

```
if [対応内容]="修理の手配・対応" then 1
else 0
end
```

🔻計算フィールド「故障件数」

　それではこちらの計算フィールドを利用して分析を進めていきましょう。まず顧客満足度と故障件数の関係も確認してみましょう。新しいシートを開きます。次に「平均 顧客満足度」を列にドラッグ&ドロップします。その後、列に追加された「平均 顧客満足度」を右クリックしてオプションから「ディメンション」を選択します。

▼平均 顧客満足度×故障件数①

その後、列に追加された「平均 顧客満足度」をもう一度右クリックしてオプションから「不連続」を選択します。「平均 顧客満足度」は数値項目でしたが、こちらで不連続なディメンション項目（分析切り口）として利用することができます。

▼平均 顧客満足度×故障件数②

続いて行に「故障件数」、マークカードの「詳細」に「顧客ID」をドラッグ＆ドロップします。その後、右上の表示形式をクリックし箱ヒゲ図を選択します。

▼平均 顧客満足度×故障件数③

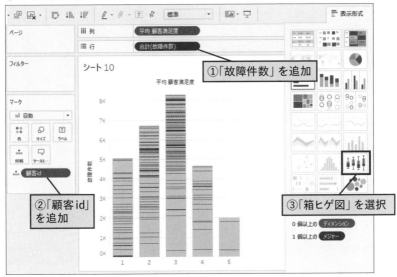

表示されたグラフを確認すると、故障件数が多いほど顧客満足度が低い傾向にあることが分かります。シート名は「平均顧客満足度×故障件数」としておきます。

▼平均 顧客満足度×故障件数④

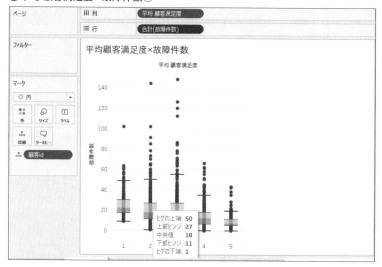

　続いて、先ほど作成したシートを複製します。複製したシートに対して、行にある「故障件数」に重ねるように「対応完了までの期間（日）」をドラッグ＆ドロップして差し替えます。その後、行に追加した「対応完了までの期間（日）」を右クリックしてオプションから「メジャー」→「平均」を選択します。

▼平均 顧客満足度×対応完了までの期間（日）①

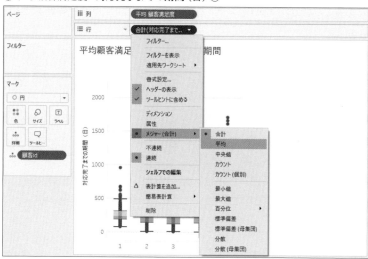

　表示されたグラフを確認すると、対応完了までに日数がかかっている顧客ほど、満足度が低い傾向があることが分かります。やはり、対応完了までの期間も売上減少につながる原因の一つと考えられます。また顧客満足度が4の顧客で見ると、中央値として約7日となっており、この辺りが基準になりそうです。シート名は「平均顧客満足度×対応完了までの期間」としておきます。

▼平均 顧客満足度×対応完了までの期間（日）②

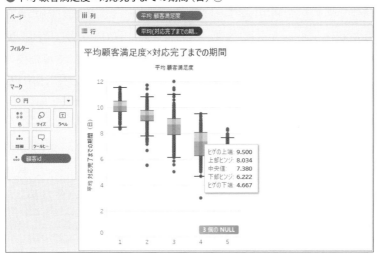

▶利用状況について分析してみよう

　ここまで、サポート対応状況について、売上減少につながっている課題がないか深掘り分析を進めてきましたが、故障が一つの大きなきっかけになっている可能性が高そうです。今後、故障についてどのようなアクションを打つかを考えたときに、2つのアプローチが考えられます。

◆ 1.故障の発生前にメンテナンス等を実施し、故障を未然に防ぐ（予防）
◆ 2.故障発生後に速やかに対応して早く利用できるようにする（リカバリー）

　上記のアクションを検討するためには、どのような点が起因となり故障が発生しているのかが分からないとアクションを検討することが難しいです。そ

のため今回は利用状況テーブルを活用して、利用状況と故障の関係について分析を進めていきたいと思います。

◆大小関係を確認する（①）

まず製品という観点で故障に偏りがあるかを確認しています。

ここからはプリンタの利用状況に関する分析をするため、データソース「利用状況テーブル+」を利用します。まず、新しいシートを開いて、左上にある「利用状況テーブル+」を選択します。その上で、列に「故障件数」、行に「製品カテゴリ」と「製品名」をドラッグ＆ドロップします。こうすると複合機の「A-MA03Y」の故障件数が多いようです。しかし、気を付けなければいけないのは、分母となる契約が多ければ多いほど、そのぶん故障件数も増える可能性が高いということです。例えば、製品Aは100件の故障、製品Bは50件の故障が発生していた場合、単純に故障件数だけ見ると製品Aの故障が多いですが、仮に販売数が製品Aは100件、製品Bは10件の場合は、製品1件当たりの故障で考えると、製品Aは1件/1製品、製品Bは5件/1製品となり、製品Bのほうが故障が発生しやすい製品である可能性がでてきます。

▼製品名×故障件数

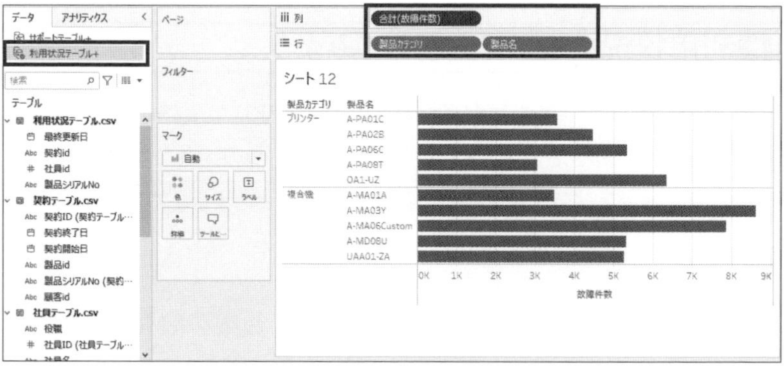

そのため、今回も分母となる契約件数を確認していきましょう。今回利用している利用状況のレコード数が契約件数になるため、列に「カウント（利用状況テーブル.csv）」をドラッグ＆ドロップしてみましょう。そうすると、故障件

数と契約件数の大小は一致しており、製品ごとの故障のばらつきはなさそう
に見えます。

▼製品名×故障件数・契約件数

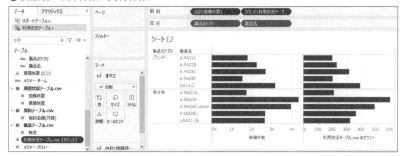

　念のため、1契約あたりの故障件数を確認するため、計算フィールド「1契
約あたりの故障件数」を作成して、そちらを列にドラッグ＆ドロップしてみま
しょう。1契約あたりの故障件数としてはどの製品も8件付近となり、製品で
のばらつきは少なそうです。シート名は「故障件数・契約件数・1契約あたり
の故障件数×製品名」としておきます。

```
SUM([故障件数])/COUNT([利用状況テーブル.csv])
```

▼計算フィールド「1契約あたりの故障件数」

●故障件数・契約件数・1契約あたりの故障件数×製品名

◆ パターンがないか確認する（③）

　利用状況テーブルには日付項目として最終更新日がありますが、こちらはテーブルの情報更新日であり時系列観点の分析をしても有益な情報はなさそうです。そこで次は故障件数と利用状況の指標について確認を進めていきたいと思います。まず故障件数とプリントの累積枚数について散布図を作成していきたいと思います。新しいシートを開いて、列に「累積枚数」、行に「故障件数」、マークカードの「詳細」に「製品シリアルNo」をドラッグ＆ドロップします。こちらを確認すると累積枚数が増えるほど故障が発生している傾向がありそうです。

●累積枚数×故障件数の散布図

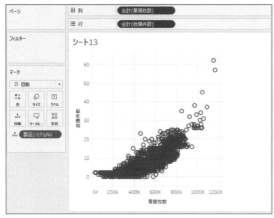

　より明確に傾向を把握するため、傾向線を追加します。左上の「アナリティ
クス」タブをクリックして「傾向線」を右のグラフエリアにドラッグすると「傾
向線の追加」のダイアログが表示されますので、その中の「線形」に「傾向
線」をドロップします。そうすると傾向線が表示されます。

▼累積枚数×故障件数の散布図への傾向線追加①

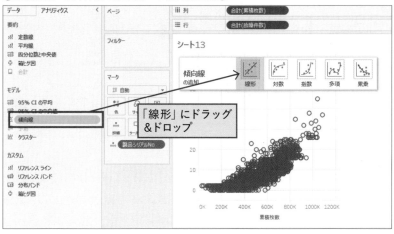

　傾向線にカーソルをあててR2乗値を確認すると0.61878であり、相関
があると言ってよさそうです。シート名は「累積枚数×故障件数」としてお
きます。

●累積枚数×故障件数の散布図への傾向線追加②

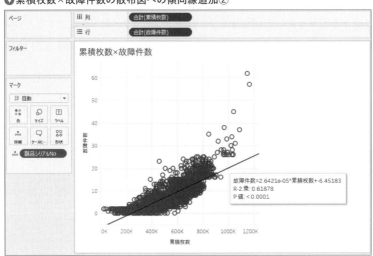

　故障件数と累積枚数の関係について、もう少し詳しく確認していきましょう。

　どのくらいの累積枚数で故障が発生しているのかを確認するために、累積枚数でビンを作成していきます。

　まず、左上で「アナリティクス」のタブが選択されている場合は、「データ」のタブをクリックしてデータペインが表示されるようにします。続いて、左のデータペインにある「累積枚数」を右クリックして表示されたオプションから「作成」→「ビン」を選択します。

●累積枚数のビン作成①

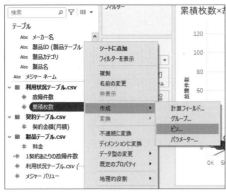

　ビンの設定として、ビンのサイズは「20000」にして、OK ボタンを押下します。

●累積枚数のビン作成②

　新しいシートを開いて、列に作成した「累積枚数（ビン）」、行に「故障件数」をドラッグ＆ドロップします。

●累積枚数（ビン）×故障件数

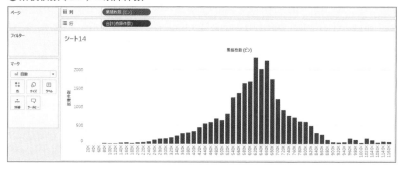

　故障件数は累計で集計したものを確認したいため、行の「合計（故障件数）」を右クリックしてオプションから「簡易表計算」→「累計」を選択します。するとどの程度のプリントの累積枚数になった場合に故障が発生しているかの状況を確認することができます。シート名は「累積枚数（ビン）×故障件数」としておきます。

● 累積枚数（ビン）×故障件数（累計）①

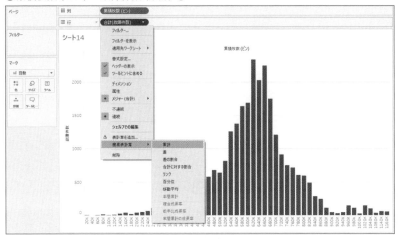

　こちらを確認すると、500K（50万枚）あたりから故障の件数が増加してい
く傾向があるように見えます。故障に関する分析について今回はここまでにと
どめますが、そのほかの観点としては、どの部品で故障が発生しやすいのか
や、地域（気温、湿度等）によって差がないかなど、様々な分析が考えられま
すので、実務で分析を担当する場合はぜひ様々な観点で分析を進めてみてく
ださい。

● 累積枚数（ビン）×故障件数（累計）②

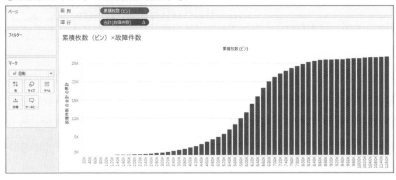

分析結果を整理・活用しよう
<分析フェーズ5 >

Business Intelligence Tools

　顧客コンタクト以外の離脱原因がないかについてサポートデータを分析して分かった点をまとめます。

◆ データから確認できた点①

◆ 故障が発生した顧客は売上減少顧客が多い。

◆ 対応完了までの日数は売上減少顧客のほうが全般的に長くかかっている。また、故障は他の対応よりも長くかかっている。

◆ 故障回数や対応完了までの日数が増えるほど顧客満足度が低い傾向がある。

◆ 問い合わせ件数は2021年から2022年にかけて増加傾向にあり、対応完了までの期間も増加傾向にある。

◆ ⇒①の解釈

◆ 故障回数や対応完了までの期間が増えるとその分、顧客が利用できない期間が増えるため、満足度の低下や、売上減少につながっている可能性がある。

◆ ⇒分析結果をサポート部門に説明してヒアリングしたところ、サポート完了までに時間が増加傾向にある理由について下記の回答がありました。
「問い合わせ件数の増加に伴いサポート要員が不足している。その点は課題として認識しており、現在サポート体制の見直しを検討中である。」

◆ **データから確認できた点②**

◆ 故障回数とプリント累積枚数には相関関係がみられる

◆ プリント累積枚数が50万枚超えたあたりから故障が増える傾向がある

◆ ⇒②の解釈

◆ 使用状況からある程度、故障の予防的な対応が可能と思われる。例えばプリント累積枚数が50万枚以上になった場合は機器の点検を行い消耗品の交換の提案を行うなど。

◆ ⇒サポート部門に提案したところ、故障を減らす予防的なアプローチとして有益という回答あり。

　上記を踏まえ、分析結果を整理して経営企画部門や営業部門、サポート部門に報告するとともに、関連部署と議論した結果、予防的な対策とリカバリー等の事後的な対策の2つのアプローチで対策を検討することになりました。

◗対策の検討方針

予防的な対策　★ 故障　事後的な対策

◆ **①予防的な対策**

◆ 使用状況をモニタリングし、50万枚超えたあたりから消耗品の予防交換などのメンテナンスを進められるよう対策を検討する。

◆ **②事後的な対策**

◆ サポート部門が予定しているサポート体制拡充に加えて、営業のほうでサポート完了までの問い合わせ日数を確認して顧客フォローを行う。具体的には顧客満足度4の顧客の中央値（約7日）を基準として7日よ

りも対応日数がかかっている場合は営業からサポート部門への対応状況の確認やそれを踏まえた顧客サポート（お詫びなど）を実施する。

　対策実行に向けてデータ分析チームとしてデータ分析で貢献できる点がないかを検討した結果、提供中の顧客コンタクト状況ダッシュボードにサポート関連の情報を追加して営業が顧客サポートで活用できるようにする案を整理し、経営企画部門に提案しました。結果、「ぜひ対応をお願いしたい」と依頼を受けました。それでは最後の仕上げとして、6章でダッシュボードの改善を進めていきましょう。

ダッシュボードの
改善を進めよう

5章では「売上を2021年水準まで回復する」という当初のゴールに向けて、もう一度「課題の絞り込み」と「原因の特定」に関する分析を行い課題の深掘りを進めました。サポート部門から受領した新しいデータを用いて仮説探索的に分析を行うことで、故障回数や対応完了までの期間が顧客満足度に影響しており、それが売上に影響している可能性が高いことが新たに分かりました。そこで6章では5章の分析結果を踏まえた「対策の立案・実行」として、4章で作成したダッシュボードの改善を進めていきます。

4章の中でも少し解説しましたように、ダッシュボードは一度作ったら終わりではなく、事業環境やユーザーの声を踏まえて改善を進めることが大事です。改善のサイクルを繰り返すことで、より会社の運用に根付いた真に必要とされるダッシュボードに見直すことができます。今回は5章の分析結果を踏まえて追加が必要となるモニタリング項目を整理するとともに、ダッシュボードの改善を進めていきましょう。

●6章の位置づけ

分析プロセス

凡例 フェーズ

| 分析目的や課題の整理（どのような料理が食べたいか確認） | 分析デザイン（どのような食材や調理法で作るか） | データ収集・加工（食材を集め下ごしらえ） | データ分析（準備した食材で調理） | 分析結果の活用（盛り付けて提供） |

()内は料理に例えた場合のイメージ

課題解決プロセス

課題の深掘り

| 課題の発見 何が課題?（What） | 課題の絞り込み どこ?（Where、Who） | 原因の特定 なぜ?（Why） | 6章 対策の立案と実行 何をする?（How） 分析 |

売上が2022年から減少している

故障回数やサポート対応完了までの期間が顧客満足度に影響し売上が減少している。

◉ あなたの置かれている状況

「売上を2021年水準まで回復する」という当初のゴールに向けて、もう一度「課題の絞り込み」と「原因の特定」に関する分析を行い課題の深掘りを進めた結果、故障回数や対応完了までの期間が顧客満足度に影響しており、それが売上に影響している可能性が高いことが新たに分かりました。分析結果を整理して経営企画部門に報告したところ①予防的な対策と②事後的な対策の2つの観点で下記のような対策を進めることになりました。その中で、データ分析を活用した対策として4章で作成した顧客コンタクト状況ダッシュボードにモニタリング観点を追加できないかと依頼を受けました。それでは4章のおさらいと追加機能の学習も含めダッシュボードの改善を進めていきましょう。

◆ ①予防的な対策

OA機器のプリント累積枚数をモニタリングし、50万枚超えたあたりから消耗品の予防交換などのメンテナンスを進められるよう対策を検討する。

◆ ②事後的な対策

サポート部門が計画しているサポート体制拡充に加えて、営業のほうでサポート完了までの問い合わせ日数を確認して顧客フォローを行う。具体的には顧客満足度4の顧客の中央値（約7日）を基準として7日よりも対応日数がかかっている場合は営業からサポート部門への対応状況の確認やそれを踏まえた顧客サポート（お詫びなど）を実施する。

◈ 先輩からのアドバイス

4章で少し紹介したようにTableauは様々なダッシュボード機能を提供しています。4章では基本的な機能とともに少し応用的な機能についても紹介しましたが、他にも便利な機能が存在します。6章では4章のおさらいに加え

てツールヒントにグラフを埋め込んで表示する機能などを新たに紹介していきたいと思います。また、異なるデータを用いた複数のグラフを一画面で同時に表示したり、フィルターアクションをかけたりできる点もダッシュボードの利点です。6章を通じて学んでいきましょう。

　なお、会社にとって有益なダッシュボードとなるよう、ユーザーの声などを踏まえつつダッシュボードを改善していくことはとても重要です。しかし一方でダッシュボードにグラフなどのコンテンツを詰め込みすぎると視認性が悪くなり、ユーザーに必要な情報が伝わりにくくなります。これはパワーポイントなどの一般的な報告資料でも同様ですが、ダッシュボードの目的を踏まえて必要なグラフに絞り込むなど、可能な限りシンプルさを保つことが大事です。シンプルさを保つという点は視認性だけでなく、ダッシュボードのレスポンスの観点でもとても効果的です。ダッシュボード上のグラフやフィルター等が増えるほどデータソースへのクエリの発行や実行、画面レンダリングなどに時間がかかりレスポンスは悪化する傾向があります。レスポンスの悪化はユーザーの不満につながりやすいポイントです。Tableauは簡単にグラフを追加できるため、ついダッシュボードに詰め込みすぎてしまう傾向がありますが、留意しましょう。

分析の目的や課題を整理しよう
<分析フェーズ1>

Business Intelligence Tools

▶現状とあるべき姿

まずダッシュボードの改善を進める目的を改めて確認するために、あるべき姿と現状を整理してみましょう。

- ◆ あるべき姿 (最終ゴール)：レンタル事業の売り上げが2021年の水準に回復する。
- ◆ 現状：「故障回数」が多い顧客や「対応完了までの期間」が長い顧客は、顧客満足度が低下し売上減少につながっている可能性が高い

5章では、売上減少に影響が大きい他の要素はどこかを分析するとともに、なぜそれが発生しているのかについて再度分析を進めました。結果として「故障回数」や「対応完了までの期間」が売上減少の原因になっている可能性が高いことを突き止めることができ、あるべき姿と現状のギャップを縮めることができました。これで分析から明らかになった新しい原因に対して対策を打つことができそうです。そこで次のステップとして「故障回数」や「対応完了までの間隔」を適正化することを目的として、顧客のサポートに必要となる情報 (プリント累積枚数等) の追加など、ダッシュボードの改善を進めていきたいと思います。

分析のデザインをしよう
＜分析フェーズ2＞

Business Intelligence Tools

▶利用シーンと活用イメージ

　改善を進めるダッシュボードについて、いつ、誰が、どのような業務プロセスで利用するのかを整理します。4章で作成したダッシュボードは、営業部門と相談した結果、営業担当者が週の初めに該当週の予定確認および翌週以降のコンタクト計画を立てるタイミングがあり、そちらでダッシュボードを参照する運用として整理しました。今回も同様に、そのタイミングで、もしKPIとした閾値に該当する顧客がいればコンタクト計画を見直すなどのアクションをとることにしました。KPIとしては予防的な対策と事後的な対策（リカバリー）の観点から、下記の2つの指標および閾値で設定しました。また、閾値は今後の状況を確認しながら見直せるようにパラメーターとして値を変更できるようにすることにしました。

- ✦ プリンタ累積枚数：50万枚を超えたら点検を実施
- ✦ 問い合わせ対応完了までの日数：7日を超えたら顧客サポートを実施

▶利用者とアクセス制限

　今回は4章で作成したダッシュボードにコンテンツ追加を行う形になり、利用するデータのセキュリティレベルも特に変わらないため、利用者やアクセス制限は変更しないことにしました。

▶ デザイン方針

4章で作成したダッシュボードは、営業担当者が必要な情報を簡単に得られることを目的としたシンプルなダッシュボードを基本としながら、フィルター操作などでプラスアルファの情報を営業担当者が得られるようなデザイン方針としました。今回グラフは追加となりますが、極力同様の方針にてダッシュボードの修正を進めていくことにしました。

▶ 表示する情報や条件

追加するメジャー情報として、顧客毎の利用状況（プリント累積枚数）やサポート状況（サポート対応状況）を表示するとともに、比較観点として目標とする閾値（累積枚数、対応完了までの期間）をあわせて表示するようにします。

▶ ダッシュボードの共有方法

4章から変わらず、自社の社員であれば誰でもアクセス可能な既存のTableau Server基盤でダッシュボードを共有することで、営業担当者がWebブラウザ経由で自由に参照できるようにします。

▶ 利用するデータと更新方法・頻度

ダッシュボード表示に必要なデータと、データの更新方法・頻度について整理します。

今回は5章で利用した下記テーブル情報を利用してダッシュボードを作成していきます。

- ◆ サポートテーブル：顧客からの問い合わせ対応状況を管理
- ◆ 利用状況テーブル：プリント累積枚数などOA機器の利用状況を管理

またデータの更新方法と頻度ですが、データを管理するシステム管理部門と調整した結果、他のデータと合わせて各週の最終営業日の午後に該当のデータを受領し、運用でデータを更新する運用とすることにしました。

▶成果物の整理

このフェーズで作成する成果物を整理します。

大規模なダッシュボード開発プロジェクトの場合は設計書などの各種ドキュメントの作成が必要になるケースがありますが、今回は小規模な取り組みということもあり、今回も作成したTableau形式のファイル（twbxファイル）を成果物とするとともに、そのTableau形式のファイルを社内のTableau Serverにパブリッシュして利用することとします。

▶その他（体制/スケジュール/コストなど）

そのほかに分析を始める前の整理事項として、ダッシュボード作成中のレビューやリリース後のサポートなどの体制面や、各タスク（データ準備、ダッシュボード作成、レビュー日程（中間、最終等）など）をスケジュールとして整理するとともに、必要なコストがある場合は整理して、ステークホルダーと調整・合意をしておくことが必要となります。プロジェクトマネジメントに近い領域のため本書では割愛します。

データの収集・加工をしよう
<分析フェーズ3>

Business Intelligence Tools

　ダッシュボードの要件が整理できたところで、必要なデータを集めていきます。5章でシステム管理部門から、サポートテーブルと利用状況テーブルについてcsv形式の受領済みですので、そちらを利用してダッシュボードの修正を進めていきます。レコード数を再度確認するとサポートテーブルは55,602レコード、利用状況テーブルは3,353レコードあるようです。

　それでは4章で作成したダッシュボードにコンテンツを追加していきましょう。

　まず、Tableau Publicを開き、左上のメニューから「ファイル」→「Tableau Publicから開く」を選択します。Tableau Publicの認証が求められたらご自身が登録された認証情報を入力しましょう。

▼4章で作成したダッシュボードを開く①

❀ Tableau Public - ブック1		
ファイル(F)　データ(D)　ヘルプ(H)		
新規(N)		Ctrl+N
開く(O)...		Ctrl+O
Tableau Public から開く(O)...		Alt+O
スタート ページの非表示		Ctrl+2
貼り付け(P)		Ctrl+V
マイ プロフィールの管理(M)...		

　「Tableau Publicからワークブックを開く」という画面が出たら、4章で作成したダッシュボードを選択します。ご自身が4章で保存した際のダッシュボードの名前を選択してください。ダッシュボードが選択できましたら「開く」ボタンを押します。これで4章で作成したダッシュボードを読み込むことができました。

▼4章で作成したダッシュボードを開く②

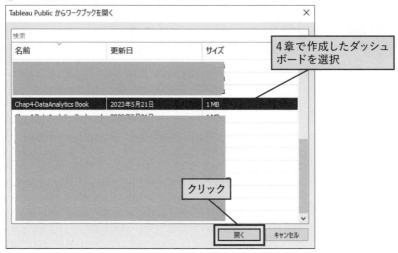

　続いて、上部メニューの「データ」→「新しいデータソース」を選択し、新しいデータソースを追加します。

▼サポートテーブルの追加①

　インプットデータのフォーマットはテキストファイルを選択します。そうすると、サブウインドウが開くので、あらかじめダウンロードしておいたサンプルデータのフォルダを指定して、サポートテーブル.csvを選択します

●サポートテーブルの追加②

画面中部に表示された「サポートテーブル.csv」をダブルクリックします。

●サポートテーブルの追加③

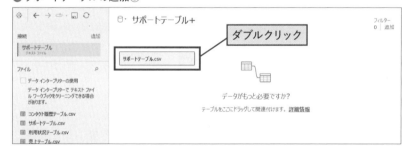

　データ結合を行う画面に遷移したら、「サポートテーブル.csv」に「顧客テーブル.csv」を「顧客ID」をキー値として左結合で結合します。デフォルトの結合キーは別のIDになっている可能性がありますがその場合は「顧客ID」に変更するようにしましょう。こちらでサポートテーブルは結合することができました。

▼ サポートテーブルの追加④

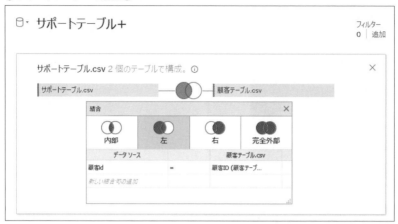

　続いて、利用状況テーブルを追加します。上部メニューの「データ」→「新しいデータソース」を選択し、新しいデータソースを追加します。

▼ 利用状況テーブルの追加①

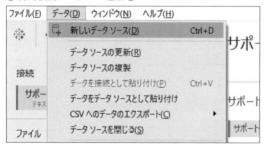

　インプットデータのフォーマットはテキストファイルを選択します。そうすると、サブウインドウが開くので、あらかじめダウンロードしておいたサンプルデータのフォルダを指定して、「利用状況テーブル.csv」を選択します

●利用状況テーブルの追加②

画面中部に表示された「利用状況テーブル.csv」をダブルクリックします。

●利用状況テーブルの追加③

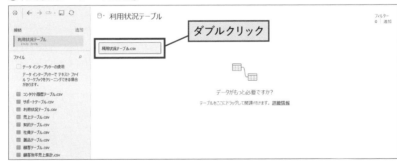

　データ結合を行う画面に遷移したら、「利用状況テーブル.csv」に「契約テーブル.csv」を「契約ID」をキー値として左結合で結合します。また、「契約テーブル.csv」に「顧客テーブル.csv」を「顧客ID」をキー値として左結合で結合します。「顧客テーブル.csv」はデフォルトの結合キーが別のIDになっている場合がありますがその場合は「顧客ID」に変更するようにしましょう。これで利用状況テーブルも結合することができました。

●利用状況テーブルの追加④

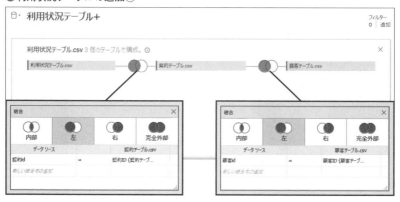

　それでは結合した結果が正しいか、データのレコード数を確認しましょう。新しいシートを開いて、左上に表示されたデータから「サポートテーブル＋」を選択した上で、メジャー「カウント（サポートテーブル.csv）」をマークカードの「テキスト」にドラッグ＆ドロップして、作成した「サポートテーブル＋」のレコード件数を確認しましょう。

●サポートテーブルのレコード件数確認

　表示されたレコード件数を確認すると、55,602件となっており、結合前と全く同じです。正しく結合できているようです。

　続いて、新しいシートを開いて、左上に表示されたデータから「利用状況テーブル＋」を選択した上で、メジャー「カウント（利用状況テーブル.csv）」をマークカードの「テキスト」にドラッグ＆ドロップして、作成した「利用状況テーブル＋」のレコード件数を確認しましょう。

◆利用状況テーブルのレコード件数確認

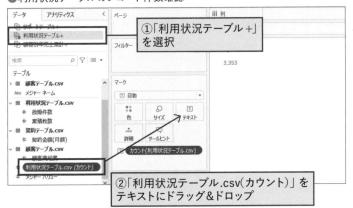

　表示されたレコード件数を確認すると、3,353件となっており、結合前と全く同じです。正しく結合できているようです。

　なお、この章では説明を割愛しますが、新しいデータを利用する場合は欠損値や代表値の確認を行うことも大事です。余力がある方は2章を確認しながら実際にチャレンジしてみてください。では、ここで保存をしておきます。今回は別ファイルとして保存するため、左上の「ファイル」から「名前を付けてTableau Publicに保存」をクリックして、ファイル名を入力して保存してください。ここでは「Chap6-DataAnalytics Book」として保存しました。

データ分析を進めよう
<分析フェーズ4>

Section **6-4**

Business Intelligence Tools

　それでは続いてダッシュボード作成に進んでいきます。今回は右下に顧客ごとのサポート経過日数や累積プリント枚数を表示して、営業が確認できるようにしていきます。また細かい情報についてはカーソルを当てると表示されるツールヒントにグラフを埋め込んで表示することでなるべくシンプルな表示になるよう工夫してみたいと思います。

▼ダッシュボード修正イメージ

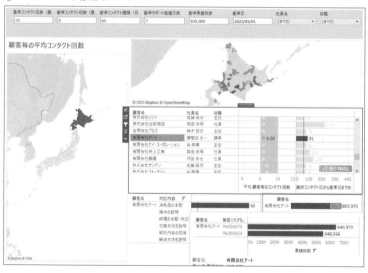

　まず新しいシートを開きます。次に閾値となるパラメーターとして「基準累積枚数」と「基準サポート経過日数」を作成します。パラメーターの作成は4章でも実施しましたね。左側のデータペインの上部にある「▼」をクリックすると表示されるメニューから「パラメーターの作成」をクリックします。そうするとパラメータ作成画面を表示することができます。「基準累積枚数」はデー

タ型は「整数」、現在の値は「500000」と設定します。「基準サポート経過日数」はデータ型は「整数」、現在の値は「7」と設定します。

● パラメーター「基準累積枚数」

● パラメーター「基準サポート経過日数」

続いてサポート経過日数を確認するグラフを作成していきます。

まず、左上のデータソースで「サポートテーブル＋」を選択します。

続いて、サポート対応が完了していない案件の経過日数が欲しいため、「対応完了日」がnullの場合（対応が完了していない場合）に、問合せ受付日からダッシュボード表示の基準日までの日付の差を計算する、計算フィールド「対応中のサポート経過日数」を作成します。

```
if isnull([対応完了日]) then
datediff('day' , [問合せ受付日] , [基準日])
end
```

▼計算フィールド「対応中のサポート経過日数」

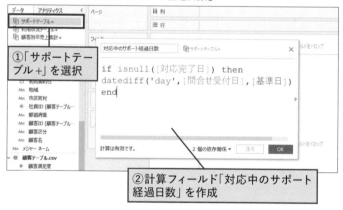

列に「対応中のサポート経過日数」、行に「顧客名」と「対応内容」をドラッグ＆ドロップします。警告がでた場合は「すべての要素を追加」を選択します。

●シート「顧客毎の最大サポート経過日数」の作成①

　複数のサポート案件がある場合を考慮して、列にある「合計（対応中のサポート経過日数）」のオプションから「メジャー（合計）」→「最大値」を選択します。これで複数案件ある場合も一番時間がかかっている案件の経過日数を表示することができます。

●シート「顧客毎の最大サポート経過日数」の作成②

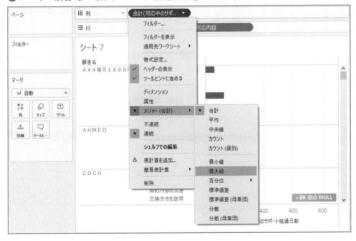

　続いて「対応中のサポート経過日数」で降順にソートし、マークカードの「ラベル」をクリックして「マークラベルを表示」にチェックを入れて、棒グラフに数値が表示されるようにします。

▼シート「顧客毎の最大サポート経過日数」の作成③

また、閾値をリファレンスラインとして追加するため、グラフ下部を右クリックして「リファレンスラインの追加」を選択します。

▼シート「顧客毎の最大サポート経過日数」の作成④

　図の通りリファレンスラインの追加を行います。表示形式は「線」で、範囲は「表全体」、線の値としては「基準サポート経過日数」、ラベルは「値」を選択しましょう。なお、今回は実施しませんが、リファレンスラインの追加と合わせて4章のように基準値を超えると色が変わるような表示も適宜追加してもいいでしょう。

▼サポート経過日数に関するリファレンスライン設定

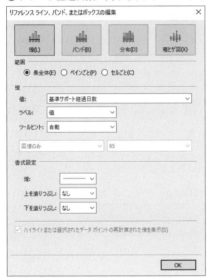

　グラフの作成が完了したらシート名「顧客毎の最大サポート経過日数」に変更します。

▼シート名称の変更「顧客毎の最大サポート経過日数」

　それでは次のグラフを作成していきましょう。

　新しいシートを開いて、左上のデータソースで「利用状況テーブル＋」を選択します。その後、列に「累積枚数」、行に「顧客名」をドラッグ＆ドロップします。警告がでた場合は「すべての要素を追加」を選択します。

▼シート「顧客毎の最大プリント累積枚数」の作成①

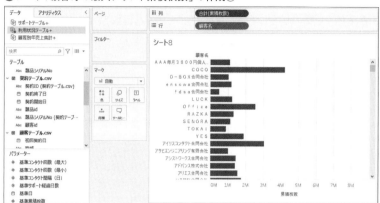

　今回も複数のサポート案件がある場合を考慮して、列にある「合計（累積枚数）」のオプションから「メジャー（合計）」→「最大値」を選択します。これで複数契約がある場合も一番大きいプリント累積枚数を表示することができます。

▼シート「顧客毎の最大プリント累積枚数」の作成②

　「累積枚数」で降順にソートし、マークカードの「ラベル」をクリックして「マークラベルを表示」にチェックを入れて、棒グラフに数値が表示されるようにします。

●シート「顧客毎の最大プリント累積枚数」の作成③

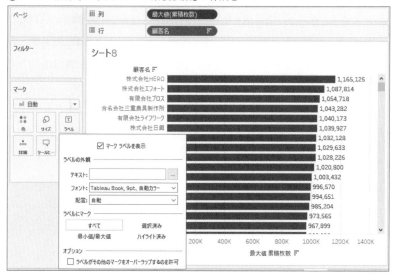

　また、閾値をリファレンスラインとして追加するため、グラフ下部を右クリックして「リファレンスラインの追加」を選択します。

●シート「顧客毎の最大プリント累積枚数」の作成④

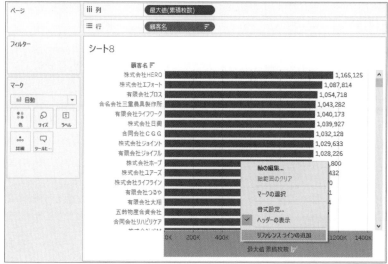

341

　図の通りリファレンスラインの追加を行います。表示形式は「線」で、範囲は「表全体」、線の値としては「基準累積枚数」、ラベルは「値」を選択しましょう。なお、こちらも今回は実施しませんが、リファレンスラインの追加と合わせて4章のように基準値を超えると色が変わるような表示も適宜追加してもいいでしょう。

▼基準累積枚数のリファレンスライン設定

　こちらでシート名を「顧客毎の最大プリント累積枚数」に変更します。

▼シート名の変更「顧客毎の最大プリント累積枚数」

顧客毎の最大プリント累積枚数

　グラフの追加の最後として、もう少し詳しいプリント累積枚数が分かるよう、グラフを追加したいと思います。

　新しいシートを開いて、左上のデータソースで「利用状況テーブル+」を選択します。その後、列に「累積枚数」、行に「顧客名」「製品シリアルNo」を

ドラッグ＆ドロップします。警告がでた場合は「すべての要素を追加」を選択
します。また、「累積枚数」で降順にソートし、マークカードの「ラベル」をク
リックして「マークラベルを表示」にチェックを入れて、棒グラフに数値が表
示されるようにします。

● シート「製品シリアルNo毎のプリント累積枚数」の作成

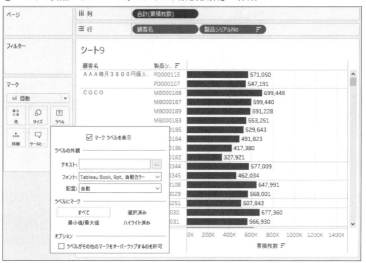

　こちらでシート名を「製品シリアルNo毎のプリント累積枚数」に変更しま
す。こちらのグラフをツールヒントに埋め込んで、カーソルをあてた際に表示
されるように設定していきたいと思います。

● シート名の変更「製品シリアルNo毎のプリント累積枚数」

　それでは左下からシート「顧客毎の最大プリント累積枚数」を選択し、マー
クカードの「ツールヒント」を選択します。表示されたダイアログの右上から「挿
入」→「シート」→「製品シリアルNo毎のプリント累積枚数」を選択します。

● ツールヒントへのグラフの埋め込み①

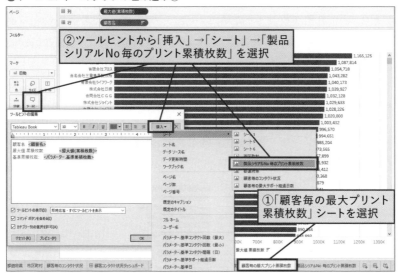

続いてツールヒントの中の「maxwidth="300"」を「maxwidth="500"」に変更します。こちらはツールヒントの中でグラフを表示する場合の最大の幅の大きさを調整するものです。

● ツールヒントへのグラフの埋め込み②

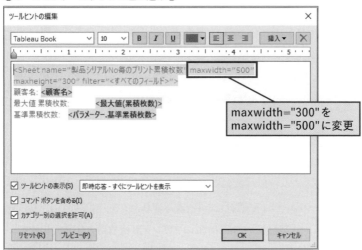

　設定が完了したら「OK」ボタンを押して戻って、グラフにカーソルをあてて
みましょう。カーソルをあてた顧客名の製品シリアルNoごとの累積枚数が
ツールヒントの中でグラフで確認できるようになりました。

● ツールヒントの表示確認

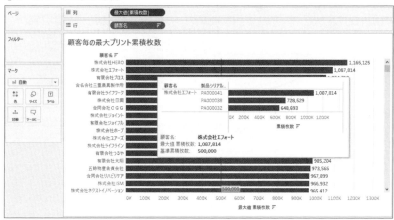

　それではグラフの作成は完了しましたのでダッシュボードへの追加を進め
ていきます。4章で作成したダッシュボード画面の顧客名ごとのコンタクト状
況を表示したグラフの下に、今回作成した2つのグラフを追加していきたいと
思います。

　4章で作成したダッシュボード画面を表示し、左のオブジェクトから「水平
方向」を右下にドラッグ＆ドロップします。

●左のオブジェクトから「水平方向」を右下に追加

②ドラッグ＆ドロップ

①4章で作成した「顧客コンタクト状況ダッシュボード」をクリック

　その後、追加した水平方向のレイアウトコンテナに先ほど作成した「顧客毎の最大サポート経過日数」と「顧客毎の最大プリント累積枚数」のシートを追加します。

●右下に作成した2つのグラフを追加

ドラッグ＆ドロップ
（1つのシート毎に
操作が必要です）

　追加したら2つのグラフともに、タイトル部分で右クリックをして、「タイトルの非表示」を選択します。

●2つのグラフのタイトルを非表示に変更

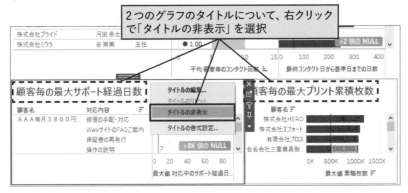

　続いてアクションの修正を進めましょう。上部のメニューから「ダッシュボード」→「アクション」を選択します。

●アクション「顧客名フィルター」の追加①

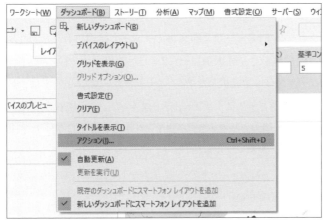

アクションの追加から「フィルター」を選択します。

⚫アクション「顧客名フィルター」の追加②

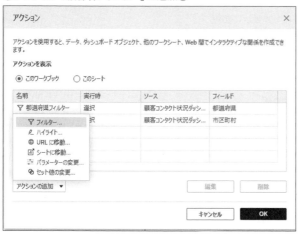

　図の通り顧客毎のコンタクト状況のグラフをクリックしたら、今回追加した2つのグラフが該当の顧客名で絞り込まれるように図の通りアクションを設定します。設定項目が多いですが間違えないようにしましょう。名前は「顧客名フィルター」、ソースシートは「顧客毎のコンタクト状況」、アクションの実行対象は「選択」、ターゲットシートは「顧客毎のサポート経過日数」と「顧客毎の最大プリント累積枚数」、選択項目をクリアした結果は「フィルターされた値を保持」、フィルターは「選択したフィールド」でソースフィールドは「顧客名」、ターゲットデータソースは「サポートテーブル＋」と「利用状況テーブル＋」とします。特に、下部のターゲットデータソースが今回追加した「サポートテーブル＋」と「利用状況テーブル＋」になっていることは注意してください。また、ソースシートやターゲットシートで不要なシートを選択していないか、スクロールして確認してください。

●アクション「顧客名フィルター」の追加③

更に既存のアクションを修正します。「都道府県フィルター」をクリックし「編集」ボタンを押下します。

●都道府県フィルターの修正①

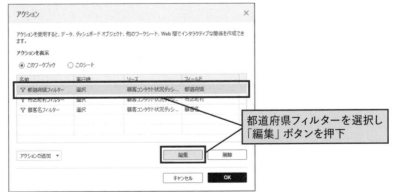

都道府県フィルターを選択し「編集」ボタンを押下

図の通り下部のフィルターの欄について、ソースフィールドが「都道府県」、ターゲットデータソースが「サポートテーブル＋」および「利用状況テーブル＋」として追加します。

設定が完了したら「OK」ボタンを押下してフィルターアクションの設定を完了します。

●都道府県フィルターの修正②

最後に「OK」ボタンを押してアクションの設定を完了します。

●アクションの設定完了

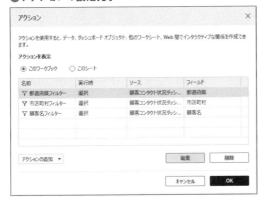

仕上げとして今回追加したパラメーターをダッシュボードに表示しましょう。上部に配置されたパラメーターの位置はドラッグ＆ドロップで変更可能ですので適宜修正しておきましょう。

●パラメーターの追加

こちらでダッシュボードの修正は完了しました。

▼修正後の顧客コンタクト状況ダッシュボード①

▼修正後の顧客コンタクト状況ダッシュボード②

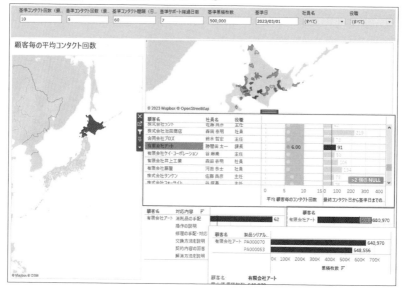

　4章でもお伝えしました通り、ダッシュボードの作成が完了したら、ユーザーに確認いただきながらブラッシュアップを進めることが大事です。例えば、今回は累積枚数が50万枚を超えた場合にメンテナンスをする施策を進めますが、過去にメンテナンスを実施したことがある機器かなどの情報も併せて掲載してほしい、といったような要望も考えられます。その場合は、まずデータとしてそのような情報が保持されているのか、保持されていない場合はどのように登録する運用とするのか、といった点も含めて整理することが必要になります。

　また、リリース前の最終の値チェックも大事です。初期表示だけでなくフィルターで絞り込んだ場合など、いくつかのパターンで想定される正解値をあらかじめ別で用意しておいて、その値と一致するかなど、チェックをすることを心がけましょう。

分析結果を整理・活用しよう
＜分析フェーズ5＞

Business Intelligence Tools

　今回のダッシュボードへのコンテンツ追加後、4章と同様に利用者への説明会や改善要望への対応など進めた結果、故障件数や対応完了までの日数の適正化が進んでいることが確認できました。またそれと足並みをそろえるように売上が回復し、2023年は2021年水準まで回復する見込みが立ちました。

　取り組み前は、どこに手を打つべきか不透明な状況でしたが、データ分析という客観的な観点から課題の絞り込みや原因の特定を進めるとともに、データを活用した効果的な対策を打つことができた点について、経営企画部門からは非常に感謝をされ、データ分析チームの社内のプレゼンスを高めることができました。その中で、営業部門やサポート部門など多くの部署からデータ分析の依頼を受けるようになり、あなたはまた別の分析プロジェクトにアサインされる予定です。本書で身に付けた「技術」と「思考」の分析スキルを活用しながら、ぜひ新しい分析プロジェクトを通じて分析スキルを磨き続けていただければと思います。

Appendix

Ap

LOD 表現で
Tableau 活用の
幅を広げよう！

Tableau には「**LOD 表現**」（LOD 式、LOD 計算などと言われることもあります）という機能があります。こちらは計算フィールドの中で利用できる特別な関数のことで、**FIXED、INCLUDE、EXCLUDE** という3つの種類が用意されています。LOD 表現を使いこなすことで、今まで難しかった分析が簡単になり Tableau 活用の幅を大きく広げることができます。

しかし、この「LOD」という聞きなれない言葉の響きのせいか、Tableau 初心者の方が中級者を目指す際に躓く1つのポイントだと思います。理解してしまえばシンプルでとてもパワフルな機能ですので、ぜひこの機会にマスターしてしまいましょう。

なお、本書では LOD 表現の中でも特に利用する「**FIXED**」という関数について説明します。大部分のユースケースでは「FIXED」が活用できれば十分ですが、「INCLUDE」「EXCLUDE」の利用方法や応用的な利用方法などより深く学びたい方は、他書「Tableau データ分析〜実践から活用まで〜」の第4章で紹介しております。興味のある方は一読いただければと思います（本 Appendix は「Tableau データ分析〜実践から活用まで〜」の4章を抜粋しつつ、一部修正したものになります）。

また、本 Appendix では1章で利用した「サンプル - スーパーストア.xls」を利用して説明を進めていきます。

- ◆ 顧客ごとの分析を行う場合は、同姓同名も考慮して顧客 ID など顧客を一意に識別できるコード値を利用する方が適切ですが、本章では説明の都合上、同姓同名はいないと仮定して「顧客名」を利用します。
- ◆ オンラインヘルプでは LOD 表現のことを「詳細レベルの式」と記述していますが、本書では Salesforce 社のブログやホワイトペーパーなどでも一般的に利用されている LOD 表現という記述で統一しています。オンラインヘルプを参照される際は読み替えていただければと思います。

Ap-1 LODとは

Appendix

Business Intelligence Tools

　まずは多くの人に馴染みがないと思われる「LOD」という言葉の意味を理解しましょう。

　LOD は Level Of Detail の略になります。Tableau のオンラインヘルプ等では詳細レベルと訳されていますがデータの詳細レベル、つまり**データ粒度**と読み替えると分かりやすいかもしれません。

　皆さんは普段からディメンションを用いてグラフの表示を国単位や都道府県単位などに変えていると思いますが、前者の場合の LOD（データ粒度）は国、後者は都道府県になります。図を交えてもう少し詳しく説明したいと思います。

　Tableau では通常、グラフの LOD 単位でメジャーフィールドが集計計算され、画面表示されます。例えばメジャーフィールド「売上」を行シェルフに設定し、ディメンションを何も設定しないと図1のようになります。

　データソース上にある最も細かい LOD のメジャー「売上」が、グラフの LOD に合わせて LOD なしで集計計算され、画面表示されます。

0
1
2
3
4
5
6

Appendix
Ap

●図1：LODなしの場合

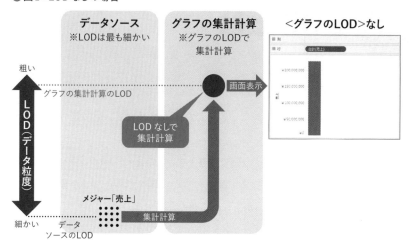

次に図1に追加でディメンション「顧客区分」を列シェルフに設定した場合を考えてみましょう（図2）。グラフのLODは「顧客区分」であり、集計計算もグラフのLODに合わせて「顧客区分」単位で計算され、画面表示されます。

●図2：LODが「顧客区分」の場合

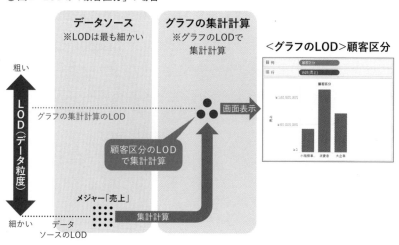

　さらに図2に追加でディメンション「都道府県」を列シェルフに設定すると図3のようになります。グラフのLODは図2より細かくなり、「都道府県」および「顧客区分」となります。集計計算もグラフのLODに合わせて「都道府県」および「顧客区分」単位で計算され画面表示されます。

▼図3：LODが「都道府県」および「顧客区分」の場合

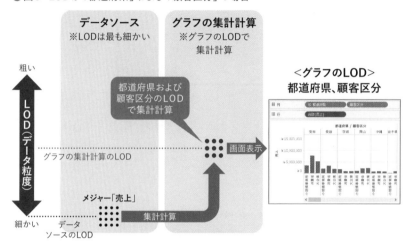

▶グラフのLODはどこで決まるのか

　次にTableauにおいてグラフのLODはどこで決まるのかを考えてみましょう。図4のようにディメンションを該当するシェルフやマークカードに設定することでグラフのLODは決まります。

●図4：グラフのLODに影響するシェルフおよびマークカード

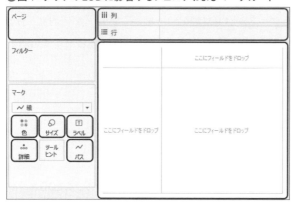

グラフのLODに
影響するシェルフ
およびマークカード

　例えば図5の例ではディメンション「年（オーダー日）」が列シェルフに設定されています。これによりグラフのLODは「年（オーダー日）」となっています。

●図5：グラフのLODが「年（オーダー日）」の場合

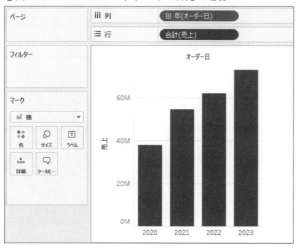

▶なぜLOD表現が必要なのか

ここで「顧客名」ごとに初回オーダー年を算出して、図5のマークカードの色プロパティに設定し、図6のグラフのように表示したい場合はどうすればよいでしょうか。

▼図6：「顧客名ごとの初回オーダー年」による色分けを追加

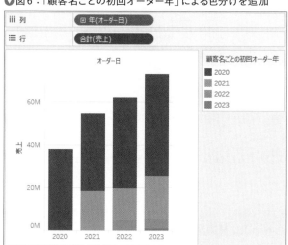

「顧客名ごとの初回オーダー年」の計算結果を得るためには、「顧客名」というLODで初回オーダー年を計算していく必要があります。しかしグラフのLODは「年（オーダー日）」で、「顧客名」というLODは含まれていないため、「顧客名」単位で集計計算することができません。

ディメンション「顧客名」をグラフのLODに影響するシェルフやマークカードのどれか、例えばマークカードの詳細プロパティに追加するとどうなるでしょうか。結果としては、図7のように得たいグラフとは異なる表示になってしまいます。

●図7：マークカードの詳細プロパティに「顧客名」を追加した場合

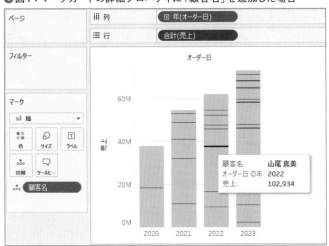

　今回の分析表示を実現するには以下の2つの要件を同時に満たす必要があります。

- ◆ グラフのLODに「顧客名」は追加したくない
- ◆「顧客名ごとの初回オーダー年」の算出のため、グラフ上にないLODである「顧客名」単位で集計計算し、計算結果をグラフに反映させたい

　このようにグラフのLODと異なるLODで集計計算を行い、結果をグラフに表示したい場合にLOD表現がとても役に立ちます。LOD表現を利用すると、図8のようにグラフと異なるLODで集計計算した結果を、グラフのLODに合わせて追加で集計計算して表示することが可能になります。

　図4でグラフのLODに影響するシェルフおよびマークカードについて説明しましたが、グラフのLODに影響しないLOD表現のみで利用する「見えないシェルフ」にディメンションを設定して計算するようなイメージです。

● 図8：LOD表現を利用した場合のイメージ

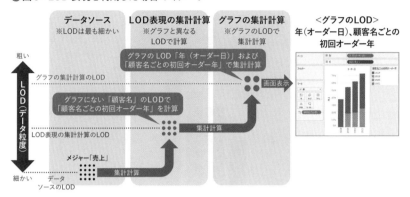

LOD表現を用いた式の記述ルールなどは後ほど説明しますが、例えば今回のケースでは、図9のようなLOD表現を用いた計算フィールドを作り、作成した計算フィールドを「ディメンション」および「不連続」に変換した上で、マークカードの色プロパティに設定しています。これにより、グラフのLODは変えずに「顧客名」単位に初回オーダー年を計算し、グラフに反映することができています（図10）。

● 図9：LOD表現を用いた計算フィールド例

Memo DATEPART関数について

DATEPART関数を利用すると日付フィールドから年や月、日など指定した部分のみを取得することができます。図9ではパラメータとして「year」を設定しているため日付フィールド「オーダー日」の年部分のみを取得することができます。例えば「オーダー日」が2020/1/1の場合は2020が返されます。

●図10：コホート分析の表示例

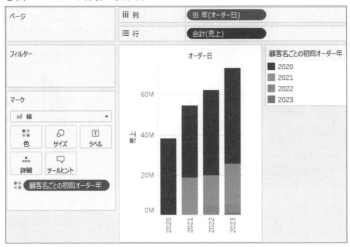

　図10のように何かしらの条件でユーザーをグループ分けして時系列で分析することをコホート分析といいますが、LOD表現を利用することで「顧客名ごとの初回オーダー年」という新しいディメンションを簡単に作成し、実現することがきました。

　次の節ではLOD表現の種類や記述ルール、具体的な利用例について説明します。

Appendix Ap-2 LOD 表現（FIXED）の 種類と記述ルール

Business Intelligence Tools

「グラフのLODと異なるLODで集計計算できる」というLOD表現の特徴を理解したところで、次にLOD表現の一つである「FIXED」の記述ルールと使用例について解説したいと思います。

◆ 記述ルール

```
{FIXED <計算で利用したいディメンション>：<集計式>}
```

使用例についてQA形式で解説していきたいと思います。前節で説明したコホート分析はFIXEDの1つの使用例になりますが、その他のFIXEDの使用例を見ていきましょう。

▶Question（FIXEDの使用例）

「オーダー単位の利益」について「地域」および「都道府県」単位の平均値を算出し、図11のようなグラフを表示するにはどうしたらよいでしょうか。計算フィールドではFIXEDを利用しましょう。

Appendix
Ap

●図11：Question

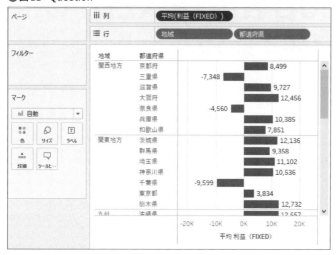

答えを説明する前に、まず単純なレコード単位の平均値を算出した場合のグラフを確認し、そちらとの差を見ていきましょう。

まず行シェルフにディメンション「地域」および「都道府県」を設定します。次に列シェルフにメジャー「利益」を設定し（図12）、集計計算を平均とします（図13）。

●図12：列シェルに「利益」、行シェルフに「地域」「都道府県」を設定

● 図13：集計計算を平均に変更

● 図14：図13の実施結果

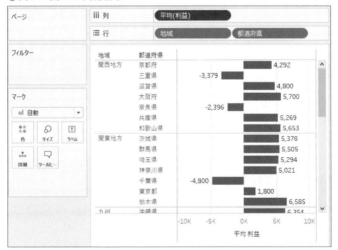

　図14はレコード単位の平均利益としては正しい値を表示することができましたが、オーダー単位の平均利益としては正しい値ではありません。

　サンプルスーパーストアのデータを確認すると、図15のように1つの「オーダー Id」に対して複数のレコードが存在する場合があることが分かります。

1回のオーダーで複数の顧客のオーダーをまとめ処理していたり、複数の製品を一度に購入していたりする場合もあるようです。よって、単純にレコード数で割ったのではこれらの場合が考慮されず、正しいオーダー単位の平均利益とはなりません。

●図15：1つの「オーダーId」に対して複数のレコードが存在

それでは、グラフのLODは変えずに、計算だけは「地域」および「都道府県」に加えて「オーダーId」も含めた3つのLODを使って値を算出したい場合はどうしたらよいでしょうか？答えを見ていきましょう。

▶Answer（FIXEDの使用例）

まずFIXEDを利用して図16のような計算フィールド「①利益（FIXED）」を作成します。

FIXEDの記述ルールに合わせて、「｛FIXED」の後に計算で利用したいディメンションをカンマ「，」区切りで記述しています。今回はグラフのLODに加えて「オーダーId」も使いたいので、グラフのLODである「地域」および「都道府県」に加えて「オーダーId」の3つのディメンションを記述しています。続いてコロン「：」の後に集計式を記述する必要がありますが、今回は記述し

た3つのディメンションのLOD単位で利益の合計を求めたいため
「SUM([利益])」と記述し、最後に「 }」で閉じています。

●図16：計算フィールド「①利益（FIXED）」

続いて作成した計算フィールド「①利益（FIXED）」を列シェルフに設定し
ます（図17）。

●図17：「①利益（FIXED）」を列シェルフに設定

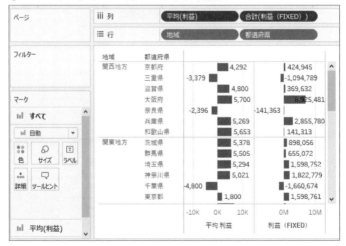

369

　計算フィールド「①利益（FIXED）」について「地域」および「都道府県」単位の平均値を求めたいため、グラフの集計計算の種類は平均とします（図18）。

🔻図18：集計計算を平均に変更

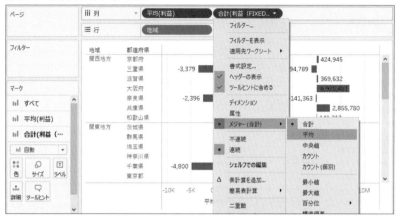

🔻図19：図18の実施結果

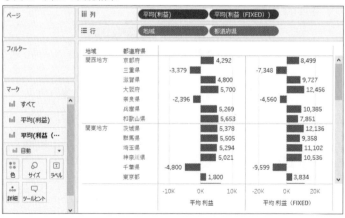

　図19の右側のバーチャートがFIXEDを利用して作成した正しいオーダー
単位の利益の平均値になります。レコード単位の単純な平均値を表示した左
側のバーチャートとは計算値が異なることが分かると思います。

　なお、LOD表現の利用方法は大きく2つに分かれます。1つ目は新しいメ
ジャーを作成するという利用方法です。今回の例のようにLOD表現を用い
て作成したメジャーで集計計算した結果を、グラフのLODに合わせて追加
で集計計算するパターンです。2つ目は新しいディメンションを作成するとい
う利用方法です。前節「1.LODとは」で紹介したコホート分析の例のように
FIXEDを利用して作成した計算フィールドを「ディメンション」に変換した
り、ビンを作成するなどして、分析の切り口として利用することができます。

LOD表現と
フィルターの関係

Business Intelligence Tools

　LOD表現を利用する上で必ず理解しておきたい点として、LOD表現とフィルターの適用順序があります。こちらを理解しておかないと、意図した分析結果が得られないことがあるため留意が必要です。

　Tableauにおいて、フィルターや各種計算は図20のように左から順に適用されていきます。なお、Tableauのオンラインヘルプでは「適用の順序」ではなく「操作の順序」というような表現していますが、ユーザーの操作順序と混同しないよう、本Appendixでは「操作」ではなく「適用」と記載しています。

▼図20：フィルターの種類と適用の順序

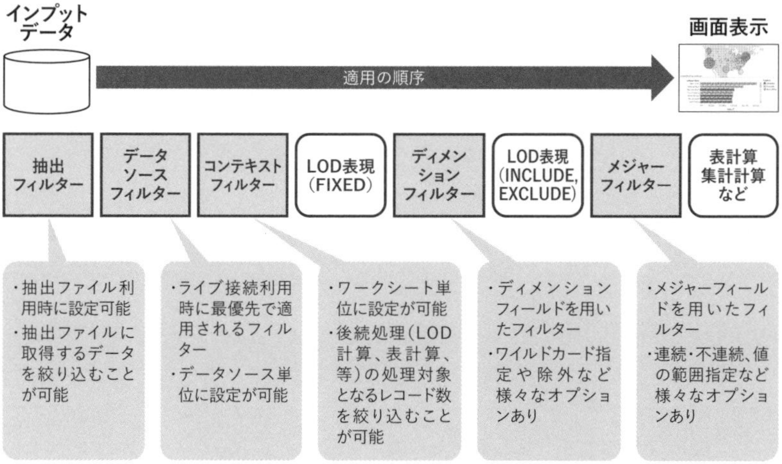

| インプットデータ | | | 適用の順序 → | | | | 画面表示 |
| 抽出フィルター | データソースフィルター | コンテキストフィルター | LOD表現（FIXED） | ディメンションフィルター | LOD表現（INCLUDE, EXCLUDE） | メジャーフィルター | 表計算集計計算など |

- ・抽出ファイル利用時に設定可能
- ・抽出ファイルに取得するデータを絞り込むことが可能

- ・ライブ接続利用時に最優先で適用されるフィルター
- ・データソース単位に設定が可能

- ・ワークシート単位に設定が可能
- ・後続処理（LOD計算、表計算、等）の処理対象となるレコード数を絞り込むことが可能

- ・ディメンションフィールドを用いたフィルター
- ・ワイルドカード指定や除外など様々なオプションあり

- ・メジャーフィールドを用いたフィルター
- ・連続・不連続、値の範囲指定など様々なオプションあり

　例を用いて説明した方が分かりやすいと思いますので、簡単な例をいくつか示してそちらで確認していきましょう。

　図21は「顧客名」単位のオーダー件数を表示したグラフです。計算フィールドにおいて左のバーチャートはFIXEDを使用していませんが、右のバーチャートはFIXEDを使用しています。

▼図21：「顧客名」単位のオーダー件数

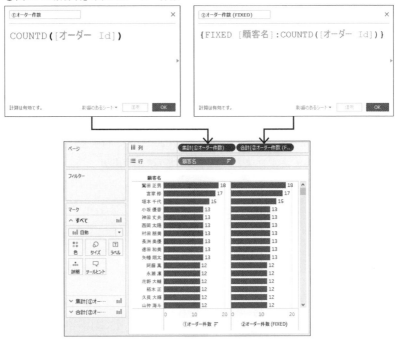

　このグラフについて「オーダー日」が2020年のデータのみに絞り込んで表示したいと思います。ディメンション「オーダー日」でフィルターを作成して（図22）、2020年でデータを絞り込むとどうなるでしょうか（図23）。

▼図22：ディメンション「オーダー日」のフィルターを追加

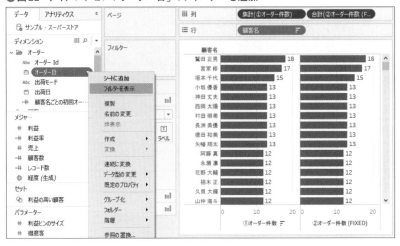

▼図23：フィルターカード「年（オーダー日）」で「2020」のみにフィルタリングした結果

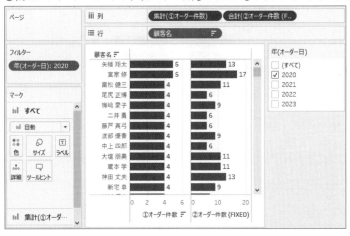

　結果としては、図23のようにFIXEDを利用しない左側のバーチャートと、FIXEDを利用する右側のバーチャートが異なる値になってしまいます。これはなぜでしょうか。理由は当節の冒頭で説明した図20のフィルターおよび計算の適用順序が関係しています。

　まず、図23の左側のバーチャート（FIXED不使用）について、図20に照らし合わせて考えてみましょう。図20の左から順に今回利用されているものを考えると、図23の左のバーチャートではディメンション「年（オーダー日）」を用いて2020年でフィルターをかけていますので、「ディメンションフィルター」が最初に適用されることになります。それ以外のフィルターやFIXEDなどのLOD表現は利用していないため、「年（オーダー日）」が2020年でフィルターされた結果を集計計算した結果が、左側のバーチャート（FIXED不使用）として表示されていることになります。

　続いて図23の右のバーチャート（FIXED使用）について、図20に照らし合わせて考えてみましょう。図20の左から順に今回利用されているものを考えると、図23の右のバーチャートではFIXEDを用いた計算フィールドを利用していますので、最初に「LOD表現（FIXED）」が適用されることになります。そして次に「ディメンションフィルター」としてディメンション「年（オーダー日）」を用いて2020年でフィルターが適用され、その後に集計計算された結果が、右側のバーチャート（FIXED使用）として表示されていることになります。つまり、右のバーチャートは「年（オーダー日）」でフィルターする前に顧客毎のオーダー回数の計算を行い、その後に「年（オーダー日）」が2020年のレコード（2020年にオーダーをしたことがある顧客）のみでフィルターして表示していることになります。

　右のバーチャートのような計算をしたいケースもあると思いますが、もし左のバーチャートのようにフィルターをかけたうえでFIXED計算を利用したい場合は「コンテキストフィルター」というものを利用します。コンテキストフィルターの適用方法は簡単で、図24のようにフィルターのオプションから「コンテキストに追加」を選択します。

🔻図24：フィルターのタイプをコンテキストに変更

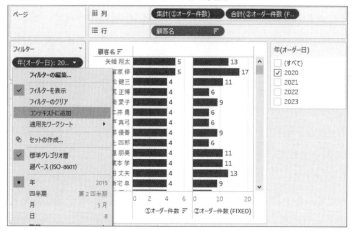

　図24のような操作でフィルターを「コンテキストフィルター」に変更すると、図25の表示となりFIXEDを利用しない左側のバーチャートと、FIXEDを利用する右側のバーチャートで値が一致していることが分かります。

🔻図25：図24の実施結果

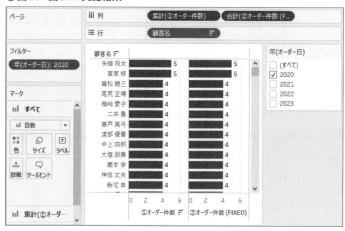

　図25の右のバーチャート（FIXED使用）について、図20に照らし合わせて考えてみましょう。図20の左から順に今回利用されているものを考えると、今回は「コンテキストフィルター」を利用しましたので、最初にディメンション「年（オーダー日）」を用いた2020年のコンテキストフィルターが最初に適用されることになります。次に図25の右のバーチャートではFIXEDを用いた計算フィールドを利用していますので「LOD表現（FIXED）」が適用されることになります。それ以外のフィルターやEXCLUDEなどのLOD表現は利用していないため、「年（オーダー日）」が2020年でコンテキストフィルターされた結果をFIXEDで集計計算した結果が、右側のバーチャート（FIXED使用）として表示されていることになります。

　LOD表現は、最初は少し分かりにくいかもしれませんが、慣れてしまえば非常にシンプルかつ便利な機能です。ぜひ本章の知識を活かしてLOD表現を使いこなし、Tableau活用の幅を広げていただければと思います。

おわりに

　本書で一番お伝えしたかった点は、分析をビジネス成果につなげるためにはどうすればいいのか、と悩む人に向けて、一つの処方箋を提供することでした。これまで多くのデータサイエンティストの育成に携わる中で、多くの人や企業が抱えていた課題であるからです。その処方箋として、序章でデータサイエンティストがどのようにビジネス成果に貢献していけるのか、またそのためにはデータ分析の技術だけでなく段取りやコツといった「思考」も必要になるという点、「思考」は教科書を読むだけでなく場数を踏むことで初めて身に付けることができる点をお伝えしました。また、1章でウォーミングアップとしての基礎体力作りをした上で、2章から4章で一連の課題解決プロセスを経験いただくとともに、5章と6章で復習と応用的な要素も含めて取り組んでいただきました。

　課題解決プロセスを意識した分析を身に付けていただくために、現実よりも単純化された仮想の分析プロジェクトではありましたが、各章に今後の分析で活用いただけそうな段取りやコツなどのエッセンスを詰め込んで、実際に手を動かしていただくことで「技術」と「思考」の分析スキルを深めることができたのではと考えています。ただデータ分析は「こうしなければ間違い」という堅苦しいものではありません。本書を一つの分析の進め方ととらえながら、実際のプロジェクトを経験して肉付けをしながら自身の分析スタイルを築き、磨き上げていっていただければと思います。また、技術の進歩で特にデータ分析の「技術面」は今後大きく変わっていくでしょう。しかし本書で説明したような「思考面」については普遍的なスキルとして残ると思います。ぜひ本書での経験や実務での経験を活かして、皆様がデータサイエンティストとして活躍されることを心より祈念いたします。

　最後に、本書の執筆では多くの方々にご支援をいただきました。特に安田浩平さん、桑元凌さんには査読にご協力いただき、データサイエンティストの専門的な観点から実践的なアドバイスをいただきました。また、三井住友海上火災保険株式会社のデータサイエンスチームや、株式会社Iroribiのスタッフの皆さんなどの多くの関係者や、家族の理解・協力がなければ完成することができませんでした。この場をお借りして心より感謝申し上げます。

Index 索 引

Business Intelligence Tools

著者一覧

黒木 賢一（くろき けんいち）

NTTデータで、データ活用による経営課題解決の取り組みに長年従事した後、三井住友海上火災保険のデータサイエンスチームで上席スペシャリストとして分析コンサルティング業務やデータサイエンティスト育成を担当。2023年からは生成AI専門チームであるAIインフィニティラボで生成AIに関する技術調査・活用も推進。NTTデータでは2015年からTableauを用いた経営ダッシュボード基盤構築・普及展開や、機械学習を用いた各種兆候検知モデル構築、People Analytics等の分析プロジェクトに従事。共著『Tableauデータ分析〜実践から活用まで〜』（秀和システム）。データサイエンティスト協会スキル定義委員会メンバー。

下山 輝昌（しもやま てるまさ）

日本電気株式会社（NEC）の中央研究所にてデバイスの研究開発に従事した後、独立。機械学習を活用したデータ分析やダッシュボードデザイン等に裾野を広げ、データ分析コンサルタント/AIエンジニアとして幅広く案件に携わる。2021年にはテクノロジーとビジネスの橋渡しを行い、クライアントと一体となってビジネスを創出する株式会社Iroribiを創業。技術の幅の広さからくる効果的なデジタル技術の導入/活用に強みを持ちつつ、クライアントの新規事業やDX/AIプロジェクトを推進している。

共著「Tableau データ分析〜実践から活用まで〜」「Python 実践データ分析100本ノック」「Python実践 データ分析入門 キホンの5つの型」（秀和システム）など。

本書サポートページ

・ **秀和システムのウェブサイト**
  https://www.shuwasystem.co.jp/

・ **本書ウェブページ**
  本書の学習用サンプルデータなどをダウンロード提供しています。
  https://www.shuwasystem.co.jp/support/7980html/7019.html

※本書はTableau Publicのバージョン2023.1を利用して説明しています。

BIツールを使った
データ分析のポイント

発行日	2023年 7月25日	第1版第1刷

著　者　黒木　賢一／下山　輝昌

発行者　斉藤　和邦
発行所　株式会社 秀和システム
　　　　〒135-0016
　　　　東京都江東区東陽2-4-2　新宮ビル2F
　　　　Tel 03-6264-3105（販売）Fax 03-6264-3094
印刷所　三松堂印刷株式会社　　　　Printed in Japan

ISBN978-4-7980-7019-3 C3055